中國「互聯網+」的
大學生電子商務創新創意與創業策劃

陳鏡羽 著

財經錢線

前言

　　本書屬於2016年高等教育教學改革研究立項重點項目《基於互聯網+的電子商務概論課程實踐環節創新創業與就業能力培養設計研究》成果之一。大眾創業、萬眾創新為中國經濟增長的新動力，而大學生是創新、創意與創業的新力量，電子商務輻射面廣、影響大，因此對在校大學生創新、創意與創業策劃指導具有一定意義。本書聚焦電子商務創新創意與創業的團隊構建、創新創意思路引導、框架結構及內容、電子商務相關平臺構建、宣傳與推廣、財務預測、項目實踐、答辯與展示、項目應用等方面，詳細介紹了在製作電子商務創新、創意與創業策劃書中常用到的電子商務知識，不僅適合於上過電子商務概論課的學生，也適合對電商基礎知識未掌握的其他專業學生。本書旨在對意欲撰寫電子商務創新創意與創業策劃書、參加比賽、申報項目及真正創業的學生團隊進行指導，同時為學生團隊的指導教師提供參考。

　　本書從團隊構建及尋找指導老師、創新創意思路引導、策劃書框架結構及內容寫法、策劃書應用及實踐成果、答辯與展示、項目改革等方面進行研究。

　　書中所用部分案例源自學生項目，所涉及學生的學校、項目名稱、學生姓名放置在附錄中，感謝2016屆電子商務班王瑤同學為本書做的團隊聯繫和書稿校對等工作。

陳鏡羽

2019年2月

目錄

第1章　團隊建立及指導老師配備 / 1

一、團隊成員 / 1

（一）成員結構及特點 / 1

（二）成員分工 / 2

二、項目取名 / 2

（一）精簡型項目取名 / 2

（二）詳細型項目取名 / 3

三、團隊取名及口號 / 4

（一）團隊取名方式 / 4

（二）團隊起名整體注意事項 / 6

四、廣告語 / 6

（一）廣告語概述 / 6

（二）廣告語設置方法 / 7

五、指導老師配備 / 11

第2章　創新創意思路引導 / 13

一、「傳統行業+電子商務」方法 / 13

二、「物聯網+」方法 / 14

（一）物聯網概念及應用 / 14

（二）物聯網主要技術 / 14

　　　　（三）物聯網「+」何物及功能說明／15

　　三、參考電子商務創新、創意及創業相關項目立項選題／17

　　　　（一）地區級電子商務創新、創意及創業相關項目申報立項選題／17

　　　　（二）國家級電子商務創新、創意及創業相關項目申報立項選題／17

　　四、參考當前社會熱點／19

　　　　（一）社會熱點概念及收集渠道／19

　　　　（二）社會熱點關鍵詞舉例／19

　　五、從生活中遇到的問題思考而來／23

　　六、從團隊專業優勢及擅長領域出發／26

　　七、從其他創業團隊的劣勢思考而來／27

　　八、其他選題建議／28

第 3 章　策劃書框架結構及內容寫法／29

　　一、項目概要／31

　　　　（一）項目簡介／31

　　　　（二）LOGO 設計／37

　　　　（三）產品和服務／46

　　　　（四）項目盈利點／47

　　　　（五）市場分析／47

　　　　（六）營運與行銷策略／48

　　　　（七）財務預算／49

　　　　（八）項目創新點／49

　　二、公司描述／51

　　　　（一）公司簡介／51

　　　　（二）公司理念／52

　　　　（三）公司目標／54

　　　　（四）目標用戶群定位／56

（五）組織結構與人力資源／ 57

（六）創業團隊／ 59

三、產品與服務／ 59

四、盈利模式／ 62

（一）網上目錄盈利模式／ 62

（二）數字內容盈利模式／ 62

（三）廣告支持盈利模式／ 62

（四）服務費用盈利模式／ 63

（五）交易費用盈利模式／ 64

五、市場調查與分析／ 65

（一）行業現狀／ 66

（二）客戶調查及市場容量分析／ 67

（三）項目可行性分析／ 68

（四）項目發展瓶頸與障礙／ 70

六、競爭分析與風險控制／ 70

（一）競爭背景／ 70

（二）競爭對手分析／ 70

（三）SWOT 分析／ 71

（四）風險分析／ 72

七、行銷與推廣／ 73

（一）行銷推廣體系概述／ 73

（二）搜索引擎行銷／ 75

（三）社會化媒體行銷／ 78

（四）網路視頻行銷／ 81

（五）網路廣告行銷／ 82

（六）軟文行銷／ 84

（七）事件行銷 / 90

（八）品牌行銷 / 91

（九）企業 H5 頁面行銷 / 96

（十）心理學行銷 / 96

（十一）病毒行銷 / 100

（十二）網路視頻行銷策略 / 101

（十三）即時網路直播行銷 / 102

（十四）年度帳單總結行銷策略 / 103

（十五）產品行銷策略 / 109

（十六）價格行銷策略 / 111

（十七）銷售渠道策略 / 111

（十八）制定用戶人脈推廣有獎策略 / 112

八、企業網站內容及框架設計 / 114

（一）確定網站類型 / 114

（二）設計域名 / 114

（三）設計網站各級目錄及內容 / 115

（四）設計網頁佈局 / 115

第 4 章　策劃書應用及實踐成果 / 116

一、參加全國大學生電子商務「創新、創意及創業」大賽獲獎 / 116

二、參加「互聯網+」大學生創新創業大賽暨全國大賽獲獎 / 117

三、申報大學生創新創業相關項目立項 / 118

四、入駐大學生創業園 / 125

五、網路店鋪開設與營運有銷售額 / 127

六、網路行銷推廣帳號註冊與營運良好 / 127

七、網站建設/軟件開發成功 / 129

八、公司註冊成果 / 130

九、品牌商標註冊成功 / 130

　　（一）商標註冊工作流程 / 130

　　（二）商標註冊需準備的資料 / 130

十、域名註冊成功 / 130

　　（一）域名註冊工具 / 130

　　（二）域名的註冊機構 / 131

十一、已有合作企業 / 131

十二、其他成果 / 132

第 5 章　答辯與展示 / 133

一、策劃書封面/底面 / 133

二、通過海選後準備工作 / 134

　　（一）答辯預演 / 134

　　（二）熟悉策劃書及實踐運作情況 / 134

　　（三）提前到場熟悉環境 / 134

三、答辯 PPT/視頻 / 135

　　（一）答辯基本內容框架 / 135

　　（二）PPT 製作注意事項 / 136

四、各比賽打分參考 / 137

五、答辯注意事項 / 138

第 6 章　基於「互聯網+」的電子商務概論課程實踐環節創新創業與就業能力培養調查研究 / 140

一、調查背景與目的 / 140

　　（一）調查背景 / 140

　　（二）調研目的與樣本 / 141

二、既有電子商務概論課實踐環節現狀調查 / 142

（一）專業／142

（二）學習自覺性／142

（三）開課階段／143

（四）實踐環節評價／143

（五）實踐環節不足與潛在問題／144

（六）參加三創類比賽或項目的時間盈餘／145

（七）沒時間參加三創類比賽或項目原因／146

三、電子商務概論課實踐環節創新、創業與就業能力需求調查／147

（一）理論與實踐課時偏好／147

（二）學習模式偏好／148

（三）能力培養需求／149

（四）技能獲得需求／149

（五）實踐成果期望／149

四、電子商務概論課實踐環節問題及需求總結／150

（一）電子商務概論課實踐環節問題總結／150

（二）電子商務概論課實踐環節學生需求總結／153

五、提出基於創新創業與就業能力需求培養的電子商務概論課程實踐環節設計研究／153

（一）設計前期專業技術課、後期專業實踐創業課的培養方案／153

（二）適當增加電子商務概論課程實踐環節課時／154

（三）跟進電商前沿，建立學生實踐主題選擇機制／154

（四）從技能培訓、方案策劃、實踐操作三項實驗培養電商創新、創業與就業能力／155

（五）真實創業環境和比賽環境背景下以團隊學習模式培養能力／156

（六）在建立淘寶店鋪環節發揮各專業優勢，打造電商物流一體化系統／156

六、結語／157

第7章　基於「互聯網+」的電子商務概論課程實踐環節創新創業與就業能力培養改革研究／158

一、研究內容／158

二、研究目標／160

三、擬採用的研究方法／161

四、主要特色／162

五、實踐條件提要求／163

第8章　基於「互聯網+」的電子商務概論課程實踐環節創新創業與就業能力培養實踐改革運行機制與過程／164

一、基於「互聯網+」的電子商務概論課程實踐運行流程／164

（一）電子商務概論實踐課任課教師及課代表工作流程／164

（二）電子商務概論實踐課學生實踐流程／170

二、實踐改革總體運行組／171

（一）實踐方案組／171

（二）實踐教學方案制訂組／171

（三）實踐教學運行組／172

（四）數據收集組／172

三、實踐改革調查分析與設計階段／172

四、實驗大綱和實驗手冊編寫階段／172

五、電子商務實踐改革運行階段／173

六、實踐應用及效果數據收集階段／173

（一）電子商務概論課程行課期間收集實踐效果數據／173

（二）電子商務概論行課期結束後收集實踐效果追蹤數據／176

（三）數據收集人員／178

第 9 章　基於「互聯網+」的電子商務概論課程實踐環節創新
　　　　創業與就業能力培養設計研究與效果評價 / 179

　　一、引言 / 179

　　二、基於「互聯網+」的電子商務概論課程實踐環節創新創業與就業能力
　　　　培養改革研究 / 180

　　三、構建基於「互聯網+」的電子商務概論課程實踐環節創新創業與就業
　　　　能力培養改革效果評價指標體系 / 181

　　四、模糊綜合評價 / 182

　　　　（一）建立判斷集 / 182

　　　　（二）確定模糊判斷系數矩陣 / 183

　　　　（三）構造矩陣、計算權重及一致性檢驗 / 183

　　　　（四）評價結果處理 / 187

　　五、實證分析 / 187

　　　　（一）一級模糊綜合評判 / 189

　　　　（二）二級模糊綜合評判及結果處理 / 190

　　六、結語 / 190

第 10 章　基於互「聯網+」的電子商務概論課程實踐環節創新創業
　　　　　與就業能力培養設計研究存在的問題及對策建議 / 191

　　一、存在的問題 / 191

　　二、對策建議 / 192

參考文獻 / 194

附錄　所用案例涉及的學生名單 / 199

第 1 章　團隊建立及指導老師配備

一、團隊成員

各學生撰寫「電子商務創新、創意與創業」相關項目的策劃書，第一步是組建項目組，項目組由學生以小組形式組成。其中總負責的組長 1 名、成員 4 名，每組總人數不宜超過 5 人，項目由團隊成員分工合作，共同完成。

（一）成員結構及特點

團隊成員在構成方面，鼓勵並建議跨專業、跨年級、跨學校、男女搭配。在專業搭配上，可做如下嘗試：電商相近專業/網路行銷相近專業/計算機相近專業/物聯網相近專業/軟件工程相近專業/網路新媒體相近專業/其他學過電商概論的專業+財務/會計相近專業。團隊成員的專業、兼職經歷、能力具備與項目越相關則越具有優勢。團隊成員在結構、能力、分工等方面形成互補狀態是最有可能成功的。

若已經確定好項目主題，那麼可以依據項目所需專業領域去尋找相應專業的團隊成員。如「魔法（Magic）教育平臺」項目運用互聯網科技建立模擬法庭教育系統，將現實的模擬法庭演練變成網上訓練操作，與法學等專業相關。因此團隊成員在專業構成上需要具備信息管理系統、法學等相關專業知識，如圖 1-1 所示各項目在專業結構上的多樣性促成了項目的成功。

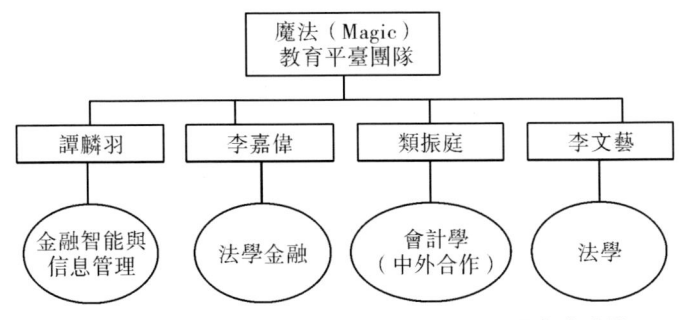

圖 1-1　「魔法（Magic）教育平臺」項目成員專業結構

（二）成員分工

小組成員任務分工建議包括：市場調查與分析、宣傳與推廣、PPT 製作、匯報演講、財務、App 製作、網站建設、UI 設計、產品營運、行銷與推廣、PS 等。工作分工需結合每一位同學的特長進行安排，做到專業人做專業事。

二、項目取名

一般項目取名的方法有精簡型項目取名和詳細型項目取名。

（一）精簡型項目取名

精簡型項目取名在大學生比賽中較為常見，也比較適用於大學生創新創業比賽——通常以擬註冊的網站名稱命名，項目名稱字數較少，但從寥寥數字即能清楚明白項目主旨或經營內容。以下（表 1-1）為部分經踐行的項目取名案例。

表 1-1　　　　　　　　　精簡型項目取名案例

項目名稱	簡要分析解釋
掛不怕 App	從字面意思能清楚明了該項目與學生課程補習有關
Oh！夜宵	為加班工作人員提供夜宵產品與配送
茶果泡泡	關鍵字「茶」直接點名該項目主要內容
隨行拍	從字面理解該項目與潮流接軌，助人隨拍
大學生藝術網站	針對大學生藝術作品展覽、銷售、分類集中發布
樂便行	一種基於客運車輛客流量監控管理系統的手機 App，使乘客合理等車、理性上車、舒適坐車
學霸 App	通過自身平臺共享學霸資源，達到精準共享學習資源、激發學生學習潛力
飛行寵物	以微型無人機的飛控模塊作為主控芯片，可由紅外傳感器和超聲波傳感器對人體信號源的大致方向進行判斷，從而準確地飛在人周圍，跟隨距離在安全範圍之內
時間集市	該項目為人們搭建一個時間交易移動平臺，在平臺中雙方可以選擇出售自己的時間，提供擅長服務或者發布任意形式的需求懸賞，實現時間流通
可食用筷子	將對一次性餐具進行改造，通過用可食性原料替代木頭，讓一次性餐具更環保

(二) 詳細型項目取名

詳細型項目取名在大學生比賽中也出現過，但在申報一些大學生創新創意與創業項目、大學生科技創新項目中較為常見。

項目名稱字數較多，項目取名常見內容主要有：項目品牌名、公司名稱、廣告語、平臺方式（App、微商城、網站）、產品類別、項目成果、服務類別、主要產品與服務、地區範圍、職業、客戶群類別、電子商務模式、項目背景、特色、「互聯網+」、核心內容、關鍵技術、方法、主要功能、主要工作、預期成果等之間的相互疊加。取名案例如表1-2所示。

表1-2　　　　　　　　詳細型項目取名案例

項目名稱	簡要分析解釋
my design 每個人都是出色的設計師	項目品牌名+廣告語形式
「i炬力」一頁面式網路視頻客戶端創業計劃書	項目品牌名+產品類別+項目成果
開州特色「龍珠茶」供銷策劃	地區名+產品與服務名+功能
學生寢室舒心洗衣設施	客戶群類別+區域+功能產品
依託社區文化和O2O模式下的親子型0~12歲兒童圖書館——啓閱館項目	項目背景+電子商務模式+客戶群類別+主要產品
「小橙故事」生鮮農產品電商平臺	品牌名稱+電子商務模式+成果
饗+地方手工食品零售平臺	品牌名稱+地區範圍+特色
忠縣黃金鎮涼泉村柑橘VR推廣方案	地區範圍+主要產品+技術+預期成果
打造農產品O2O營運模式——「琪牌」土雞蛋（試點）	電子商務模式+品牌名稱+主要產品
忠縣琪牌生態體驗山莊	地區範圍+品牌名稱+預期成果
長白山土特產交易平臺	地區範圍+產品類別+平臺
基於物聯網的患者用藥跟蹤監控服務系統	關鍵技術+客戶群類別+主要產品
創意盒子AR大數據平臺	關鍵技術
基於全景視覺的移動目標跟蹤	關鍵技術+功能
智能無人機區域快捷物流運輸系統研究	主要產品+核心方法
「約單麼」網路拼單平臺	品牌名稱+功能+平臺
太陽能多功能背包	關鍵技術+主要產品
「私人小律師」新型法律服務平臺的構建	品牌名稱+產品類別+主要工作

表1-2(續)

項目名稱	簡要分析解釋
逃生速降器	功能+產品
「互聯網+」房車租賃平臺的設計與開發	「互聯網+」+產品+功能+主要工作
公益廣告創作——《攙扶》	產品類型+主要工作+預期成果名稱
《陰影下的花蕾》漫畫創作 ——關注中國被侵害兒童群體	預期成果名稱+主要工作+研究群體對象
童話郵遞員品牌衍生品開發	特點+客戶群類別+主要工作
愛寵葬禮及追憶品開發	客戶群類別+主要產品與服務
盲人過馬路輔助系統	客戶群類別+針對問題
網路直播年輕用戶觀看、消費、廣告互動行為和心理調查研究	行業類別+研究對象+研究內容
快遞包裝盒回收再利用策略研究 ——以日照大學城為例	產品類別+研究內容+地區範圍

三、團隊取名及口號

團隊取名及口號也會嚴重影響一個項目給評委和投資方的印象。

(一) 團隊取名方式

團隊取名方式有三種：一是與比賽的項目名稱極其相似，二是與比賽的項目名稱有關聯，三是與完成的項目名稱無關但讓人印象深刻。每種方法都有各自的利弊。

1. 團隊取名與比賽的項目名稱極其相似

這種方式是團隊名稱與項目名稱一模一樣或極其相似。這種方式能讓評委加深對比賽項目的記憶：如果項目完成得好，那麼印象效果為正；如果項目完成得不好，那麼效果為負。

2. 團隊名稱與比賽的項目名稱有關聯

這種方式與比賽的項目名稱有關聯，能夠通過團隊名稱聯想其項目名稱。如「茶果泡泡」項目主營產品為茶，而且團隊取名為「北茗有茶」，其中的「茶」與業務有關，「茗」字讓人聯想到「春風啜茗時」的情景。其他案例如表1-3所示。

表 1-3　　　團隊取名與比賽的項目名稱有關舉例

團隊項目	團隊名稱
康養石柱 五彩生活	石柱印象
唯將舊物表深情——校園情懷文化創意產品	唯舊
元胡逸舒康——延胡索養生保健產品開發項目	海涯中藥材團隊
茶果泡泡	北茗有茶
維捷電力科技	機電小衝鋒
原山輕旅戶外俱樂部	原山輕旅工作室
打造農產品 O2O 營運模式——「琪牌」土雞蛋（試點）	鄉山土貨
「果橙」App 項目	開心「果」
大學生線上授課	卓越教師
活動贊助供需對接平臺	La La Team
芯芯相印	聚芯社
薪易高求職	薪火隊

　　但「團隊名稱與比賽的項目名稱有關聯」這種團隊取名方法在進行操作的時候有兩點注意事項：一是團隊名稱中保留部分詞與團隊項目相同；二是取名一定要針對項目的內容，而不是項目的名稱，防止評委將團隊名稱與團隊項目搞混淆。如「精選限量美食」項目的團隊名稱為「越吃越瘦」，從字面意思看貌似與項目名稱相關、與美食相關，單從團隊名稱字面意思理解認為是減肥產品，實則不然，「精選限量美食」項目實際內容是為各地農村特色農產品打造品牌、撰寫品牌故事以及進行網路推廣與行銷，但封面「越吃越瘦」團隊名稱已給評委留下第一印象，認為該項目與減肥產品相關，致使答辯評委在賽事現場產生「項目內容與項目標題」文不對題的矛盾印象。

　　3. 團隊名稱取名與完成的項目名稱無直接關聯但印象深刻

　　這種方式大致有二：一是從團隊氣勢上取名；二是借鑑最近熱門電視劇、電影、流行語、口號等。案例如表 1-4 所示。

表 1-4　　　團隊取名與比賽的項目名稱無關但印象深刻舉例

團隊項目	團隊名稱
異地城市社區嵌入型養老「拓荒計劃」	什麼都隊
針對大學生心理健康發展的應用開發——「日宣」App 項目	咱們隊
隨行拍	不一 Young 的 Team
咚咚家政生活服務平臺	皮皮蝦我們走

團隊名稱取名與完成的項目名稱無關但印象深刻，純粹屬於吸引眼光式的方法，能在評審環節調解氣氛，讓評委眼前一亮。但此方法有利也有弊：若項目策劃書製作、項目成果、創新與創意、答辯環節效果好，那麼整體效果極佳；反之則起反效果。

（二）團隊起名整體注意事項

（1）圍繞好聽、好記、好寫三大原則。一個好的團隊名稱讓人記得住，容易傳播。

（2）團隊名稱最好跟團隊性質相匹配，讓人一眼就看出你的團隊是什麼團隊。

（3）團隊名稱一定要響亮，能量滿滿，不能含有負面、讓人壓抑的字眼。例如「飛躍」（銷售團隊）讓人看上去就覺得團隊成員很有衝勁，很有活力，讓人對這個團隊的信心倍增。同時積極向上的團隊名稱也能給對手帶來一定的壓力。

（4）團隊名稱要獨特，不能和其他團隊相似，要有鮮明的特點。

（5）團隊名稱不能含有侮辱性語言或政治敏感字眼。不論從道德方面講還是從法律方面講，此類團隊名稱用意都不良，恐造成不良後果。

（6）不要將團隊成員數量、寢室號碼、其他數字等作為團隊名稱，否則會引起質疑，認為項目及公司未來發展僅有這些成員。如「3+2」「取經五人組」團隊名稱便不可取。

（7）團隊取名盡量避免出現人名、地名、學校名、班級名等，尤其對於普通高校、獨立院校、職高院校等的參賽隊伍來說更是如此。

（8）切忌以團隊成員首字母縮寫組合成團隊名稱。

（9）不要取名毫無意義，如 the 團隊、就是團隊、one team、only team 等。

（10）切忌將與項目名稱及內容南轅北轍的詞語作為團隊名稱。

四、廣告語

（一）廣告語概述

廣告語，又稱廣告詞，即廣而告之。廣義的廣告語指通過各種傳播媒體和招貼形式向公眾介紹商品、文化、娛樂等服務內容的一種宣傳用語，包括廣告的標題和廣告的正文兩部分。狹義的廣告語通過宣傳的方式來增大企業的知名度，廣告語也是使商家獲得利潤的必不可少的市場行銷手段及方式。企業、

城市、景區、農產品、個人等都會有自己的廣告語。儘管宣傳口號能讓評委印象更深，作用較大，但大部分隊伍在策劃書封面設計、PPT最後一頁、答辯環節都忽略了這一小環節。

廣告語創作的基本要求是：簡短易記，朗朗上口，押韻，突出主題。

(二) 廣告語設置方法

1. 定位明確，彰顯不同

通過廣告語能讓用戶對產品進行明確定位，如用戶定位、功能定位、價格定位、產品等級定位、數量定位、銷量定位、情感定位、區域定位等。

（1）用戶定位。根據用戶的外在屬性定位分為企業用戶、個人用戶、政府用戶。根據內在屬性劃分用戶，可依據性別、年齡、信仰、愛好、職業、收入、家庭成員、婚姻情況、子女情況、信用度、性格、價值取向、所在地、對企業的價值等進行劃分，如「超能女人用超能」廣告語則是「用戶定位」中的「性別定位」。案例如表1-5所示。

表1-5　　　　　　　　　　用戶定位廣告語案例

產品類型	品牌	最經典廣告語	用戶類型
洗護系列	超能	超能女人用超能	女人
處理器	驍龍	是為了智能手機	智能手機生產者或使用者
學習機	步步高	步步高點讀機，哪裡不會點哪裡，媽媽再也不用擔心我的學習！	學生
C2C/B2C購物App	唯品會	你是我的VIP	唯品會的貴客

（2）功能定位。功能定位指的是產品的功能、用途或性能。產品不同，功能定位自然不同。好的功能定位需要兼顧大部分用戶需要的功能，而產品的功能在用戶心中留下的印象則直接影響到顧客金錢付出的行為，因此功能定位極其重要。產品功能應該具備產品基本功能和獨特功能。基本功能，是同一行業類產品都具備的功能。如汽車具有代步功能，手機具有電話通信功能，杯子具有儲存水的功能，電飯煲具有煮飯的功能。而獨特功能定位則是與同一行業類普通產品對比而言獨特、不同的功能。如手機還可以具備智能遙控家電、指南針、屏幕錄制、穿戴、語音助手等特別功能；杯子還可以具備保溫、提醒喝水等功能；電飯煲還可以具備定時煮飯、遠程監控、智能斷電等功能。

廣告語中的產品功能定位首先要能讓用戶明白產品類型，其次通過某個廣告詞能讓用戶產生該產品具備某獨特功能的印象。運用功能定位的廣告語如表

1-6 所示。

表 1-6　　　　　　　功能定位廣告語案例——洗髮水

產品類型	品牌	最經典廣告語	功能類型
洗髮水	海飛絲	1. 去屑實力派，當然海飛絲 2. 頭屑去無蹤，秀髮更出眾	去屑
	潘婷	擁有健康，當然亮澤	滋養
	伊卡璐	伊卡璐一聞傾情	香
洗衣液	立白	立白，立刻亮麗潔白！	潔白
	藍月亮	藍月亮機洗至尊，開啟機洗泵時代！	機洗
C2C/B2C 購物 App	唯品會	唯品會，一家專門做特賣的網站	特賣
	天貓	上天貓，就「購」了	網購

（3）價格定位。定位無非有三種：高價定位、低價定位、市場平均價格定位。採用價格定位設置的廣告語案例如表 1-7 所示。

表 1-7　　　　　　　價格定位廣告語案例

產品類型	品牌	最經典廣告語	價格定位類型
C2C/B2C 購物 App	京東	1. 低價 19 元，決戰 618 2. 極品省錢何須如此	低價 省錢

（4）質量定位。質量定位與產品在開發、生產階段的質量控制程度、質量控制標準等因素有關。一般採用質量定位廣告語的產品主體本身質量較好，面向中高端用戶。採用質量定位廣告語的案例如表 1-8 所示。

表 1-8　　　　　　　質量定位廣告語案例

產品類型	品牌	最經典廣告語
礦泉水	百歲山	水中貴族，百歲山
牛奶	特侖蘇	不是所有牛奶都叫特侖蘇
空調	格力	好空調，格力造

（5）特點定位。在眾多同類型產品中，要使產品凸顯就得找出產品的特點，並在廣告中以該特點進行定位，全面宣傳。如同樣都是礦泉水，有些水有點甜，有些水礦物質多，有些水是雪融化的，有些水水源地好如取自千島湖，這就是不同的特點。特點定位廣告語案例如表 1-9 所示。

表 1-9　　　　　　　　　　特點定位廣告語案例

產品類型	品牌	最經典廣告語	定位特點
礦泉水	農夫山泉	農夫山泉，有點甜	甜
護膚品	百雀羚	天然不刺激，百雀羚草本	天然、不刺激、草本
飲料	統一鮮橙多	統一鮮橙多，多C多漂亮	多C
巧克力	Kisses 巧克力	小身材，大味道	小巧
	德芙	德芙，縱享新絲滑	絲滑
口香糖	炫邁口香糖	Stride 炫邁口香糖，美味持久，久到離譜	味道持久
C2C/B2C 購物 App	淘寶	隨時隨地，想淘就淘	無時空限制
手機	oppo	充電五分鐘，通話兩小時	充電時間短
	vivo X21	AI 智慧拍照，照亮你的美	AI 智能，讓你美
	華為 P20 Pro	4,000 萬徠卡三攝，AI 攝影大師	徠卡、三攝、4,000 萬像素鏡頭
	小米	探索黑科技，小米為發燒而生	黑科技、米粉

（6）數量定位。數量定位包括產品銷量、用戶數量、銷售金額等數據。採用數量定位方法的廣告語案例如表 1-10 所示。

表 1-10　　　　　　　　　　數量定位廣告語案例

產品類型	品牌	最經典廣告語	定位類型
C2C/B2C 購物 App	拼多多	三億人都在用的購物 App	用戶數量定位——三億
奶茶	香飄飄	香飄飄奶茶一年賣出三億多杯，能環繞地球一圈，連續七年，全國銷量領先	銷量定位——三億
飲料	水溶 C100	五個半檸檬C，滿足每日所需維生素C	容量定位

（7）情感定位。情感定位是指廣告語中所用某些詞彙的含義所具有的某種情感，是用戶接收廣告語所具有的情感，它同時是品牌核心價值的組成部分。情感定位中的情感包括同情、憤怒、感同身受、激動、熱愛、開心、悲傷、平靜、溫暖等。在廣告語中，有走銷量路線的，有走廣告語押韻路線的，也有走切合消費者內心路線的，而這每一句廣告語，細細品味起來都是真理，確實戳中了某些消費者內心的柔弱處，讓他們思慮良久。採用情感因素的廣告

語案例如表 1-11 所示。

表 1-11　　　　　　　　情感定位廣告語案例

產品類型	品牌	最經典廣告語
咖啡	雀巢	保持聯繫，哪怕只是喝一杯咖啡的時間
礦泉水	娃哈哈	我的眼中只有你
C2C/B2C 購物 App	唯品會	你是我的 VIP
互聯網金融 App	京東白條	世界那麼大，即使「打白條」也要去看看
	螞蟻財富	年紀越大，越沒有人會原諒你的窮
	螞蟻金服	每個認真生活的人都值得被認真對待
代步	攜程	攜程在手，說走就走
手機	小米	因為米粉，所以小米
口香糖	益達	益達，關愛牙齒，更關心你

（8）貨源定位。在廣告語中若強調貨源，則該貨源一定具備生產該產品的獨特優勢。如阿膠產品強調貨源地定是山東，鮮花餅定是雲南。其他廣告語案例如表 1-12 所示。

表 1-12　　　　　　　　貨源定位廣告語案例

品牌	經典廣告語	定位類型
農夫山泉	我們不生產水，我們只是大自然的搬運工	貨源定位——大自然
長白山	世界級的長白山，高品位的礦泉水	質量定位、貨源定位
安慕希	安慕希臘酸奶，濃濃的，超好喝	貨源定位——希臘
歐萊雅	巴黎歐萊雅，你值得擁有	貨源定位——巴黎

2. 從用戶角度設置廣告語

宣傳產品不能僅僅從企業角度進行，如果設置的廣告語所站角度為「用戶」，更能促進產品的口碑宣傳與推廣。

從用戶角度要簡單易懂。如表 1-13 所示對同一項工作的描述中，第二種更容易理解。

表 1-13　　　　　　　　同一項工作不同描述對比

1	在宇宙中心設立開放式工廠，從事射頻信號交換設備的表面高分子化學處理工作
2	五道口擺地攤手機貼膜

從用戶角度，前提是瞭解用戶面臨的問題、用戶的需求，從而站在解決用戶問題、滿足用戶需求基礎上設計廣告語。如表 1-14 所示。

表 1-14　　　　　從用戶角度出發設置廣告語案例

產品類型	用戶問題/需求	對應廣告語
保健品	學生學習久了腦袋疼	經常用腦，多喝六個核桃
護膚品	臉上長斑長痘	趁早下「斑」，請勿「痘」留
B2C 網站	想買質量好價格實惠的產品	為你而省，蘇寧易購
保健品	過年送禮選擇困難	今年過節不收禮，收禮只收腦白金
手機	晚上自拍不清晰	vivo X9：前置兩千萬柔光雙攝，照亮你的美
飲料	開車疲倦、工作加班疲倦	樂虎：累了困了喝樂虎

3. 成語改編為廣告語

　　成語、諺語相較於廣告語而言更為大家所熟悉，因此可以進行適當改動，如此既生動有趣，又能充分吸引大家的注意。需要注意的是，在成語、諺語基礎上改動後的廣告語已不是成語、諺語，容易迷惑青少年，因此要在改動的字詞上加引號。如表 1-15 所示。

表 1-15　　　　　成語改編為廣告語案例

產品	原成語/諺語	改動成廣告語
殺蟲劑	默默無聞	默默無「蚊」
網上單車店	其樂無窮	「騎」樂無窮
清揚洗髮水	無懈可擊	無「屑」可擊
箭牌口香糖	一見鐘情	一「箭」鐘情
膽舒膠囊	大事化小，小事化了	大「石」化小，小「石」化了
某餃子鋪	無所不包	「無所不包！」
某石灰廠廣告	白手起家	「白手起家！」

五、指導老師配備

　　每個小組必須去找一位相關指導老師。建議找一位指導老師即可；如果是兩位，指導老師很有可能反而指導不好或者不能提供任何指導。從策劃書主題

確立到完成策劃書終稿，從參賽報名到項目立項、入駐創業園、實踐等全程都由這一位指導老師指導。若有兩位指導老師，則建議一位為在校教師，一位為企業指導教師。並且建議多從專業、背景、經歷等方面進行考慮。參評因素如圖1-2所示，有電子商務專業相關度、行銷專業相關度、計算機專業相關度、電商相關創業經歷、指導比賽獲獎/立項經歷、電子商務相關實踐等。

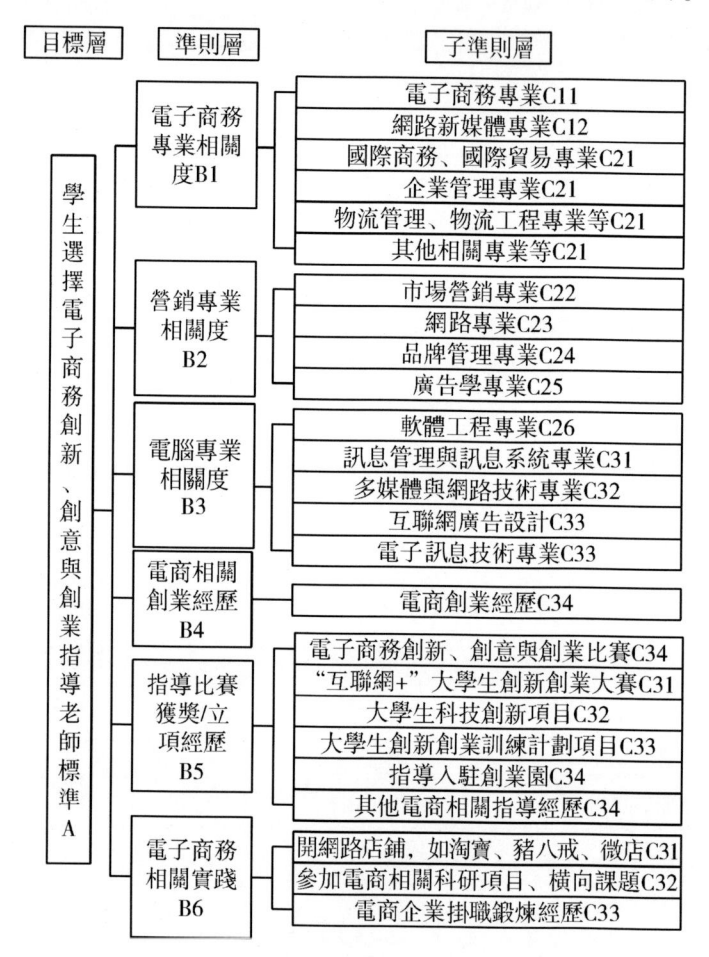

```
目標層          準則層              子準則層

              ┌─電子商務─┬─ 電子商務專業C11
              │ 專業相關 ├─ 網路新媒體專業C12
              │ 度B1    ├─ 國際商務、國際貿易專業C21
              │         ├─ 企業管理專業C21
              │         ├─ 物流管理、物流工程專業等C21
              │         └─ 其他相關專業等C21
              │
              ├─營銷專業─┬─ 市場營銷專業C22
學             │ 相關度   ├─ 網路專業C23
生             │ B2      ├─ 品牌管理專業C24
選             │         └─ 廣告學專業C25
擇             │
電             ├─電腦專業─┬─ 軟體工程專業C26
子             │ 相關度   ├─ 訊息管理與訊息系統專業C31
商             │ B3      ├─ 多媒體與網路技術專業C32
務             │         ├─ 互聯網廣告設計C33
創             │         └─ 電子訊息技術專業C33
新             │
、             ├─電商相關─── 電商創業經歷C34
創             │ 創業經歷
意             │ B4
與             │
創             ├─指導比賽─┬─ 電子商務創新、創意與創業比賽C34
業             │ 獲獎/立 ├─ "互聯網+"大學生創新創業大賽C31
指             │ 項經歷   ├─ 大學生科技創新項目C32
導             │ B5      ├─ 大學生創新創業訓練計劃項目C33
老             │         ├─ 指導入駐創業園C34
師             │         └─ 其他電商相關指導經歷C34
標             │
準             └─電子商務─┬─ 開網路店鋪，如淘寶、豬八戒、微店C31
A               相關實踐 ├─ 參加電商相關科研項目、橫向課題C32
                B6      └─ 電商企業掛職鍛煉經歷C33
```

圖1-2　學生團隊尋找指導老師參考指標

第 2 章　創新創意思路引導

創新、創意的思路源自校園、身邊的人和事。需要選取適合團隊的、大家感興趣的、可行性強的項目，建議先從某個地區、某類產品、某類人群的小項目入手。同時建議所選創意與團隊成員專業相關，或能解決當前社會某一些人群所面臨的問題等。

創新、創意思考方法有：「傳統行業+電子商務」方法，「物聯網+」方法，參考電子商務創新、創意及創業相關項目立項選題，參考當前社會熱點，從生活中遇到的問題思考而來，從團隊專業優勢及擅長領域出發，從其他創業團隊的劣勢思考而來，等等。

一、「傳統行業+電子商務」方法

第一種思考方法是將傳統行業全部或者部分搬到網路當中，採用「電子商務+傳統行業」的方式，各位可以根據表 2-1 的部分案例思考，目前傳統行業中是否還存在遺漏的領域未與電子商務結合起來。

表 2-1　　　　「傳統行業+電子商務」形式案例

「傳統行業+電子商務」形式	電商企業案例
傳統市場+電子商務	淘寶、京東、蘇寧易購
傳統婚介+電子商務	珍愛網、百合網、世紀佳緣
傳統房產仲介+電子商務	搜房網、貝殼網、安居客、房天下
傳統打車+電子商務	禮橙專車（原：滴滴打車）、嘀嗒打車、Uber、首信
傳統租車+電子商務	神州租車、曹操專車、一嗨租車、桐葉租車、至尊租車
傳統租單車+電子商務	ofo 小黃車、哈囉助力車、摩拜單車、小藍單車

表19(續)

「傳統行業+電子商務」形式	電商企業案例
傳統外賣+電子商務	餓了麼、美團外賣、百度外賣
傳統團購+電子商務	美團網、拼多多
傳統廁所+電子商務	滴滴拉屎
傳統借物+電子商務	共享雨傘、共享單車、共享充電寶、共享 Wi-Fi、共享汽車
傳統海外代購+電子商務	網易考拉、亞馬遜、洋碼頭、寺庫
二手市場+電子商務	轉轉、閒魚、瓜子二手車、優信二手車
傳統英語學習+電子商務	可可英語、不背單詞、英語趣配音

二、「物聯網+」方法

「物聯網+」形式的創新、創意思路適合技術類學科專業，如信息管理與信息系統、計算機等專業學生。「物聯網+」形式明確了四點：一是什麼是物聯網，二是「+」為何物，三是物聯網需要的主要技術有哪些，四是設計什麼功能。

(一) 物聯網概念及應用

物聯網，英文為「Internet of Things」（IOT），即「物物相連的互聯網」。這有兩層意思：第一，物聯網的核心和基礎仍然是互聯網，是在互聯網基礎之上延伸和擴展的一種網路；第二，其用戶端延伸和擴展到了任何物品之間，進行信息交換和通信。目前物聯網在市場中的應用領域越來越廣泛，處於上升階段。物聯網已經應用在了家居、智能穿戴設備、物流工具、農業、智慧城市、旅遊市場、寵物等方面。

(二) 物聯網主要技術

物聯網是把任何物品通過射頻識別（RFID）、紅外感應器、全球定位系統、激光掃描器等信息傳感設備，按約定的協議與互聯網連接起來，進行信息交換和共享，以實現智能化識別和管理的一種網路。物聯網分為感知層、網路層和應用層，它包括感知層技術、網路層技術和應用層技術。物聯網技術框架如圖2-1所示。

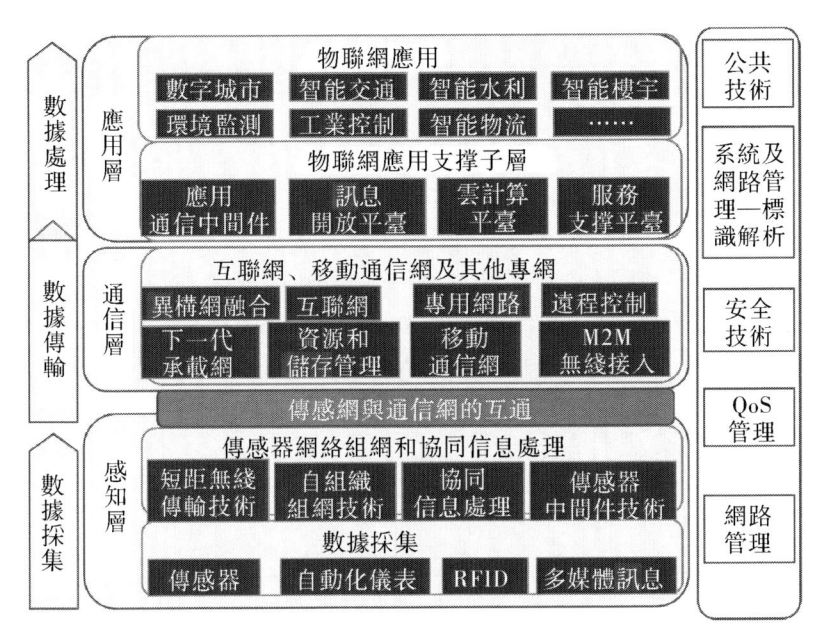

圖 2-1　物聯網技術框架示意圖

(三) 物聯網「+」何物及功能說明

在確認物聯網應用領域之後，需再進一步確認物聯網「+」何物，設計其主要功能應用，如物聯網+家居、智能穿戴、物流、農業、旅遊、寵物、醫療等領域。案例如表 2-2 至表 2-5 所示。

表 2-2　　　　　　　　家居領域物聯網「+」何物舉例

「物聯網+」形式	功能說明
物聯網+鑰匙	當鑰匙搞丟或者記不清放在哪裡的時候，可用手機定位鑰匙的位置，並啓動鑰匙呼叫主人的功能，幫助找回鑰匙
物聯網+窗戶	通過物聯網技術將家裡的各個窗戶編號並連接起來，通過手機能觀察到窗戶內外情況；同時在下雨但家裡無人的情況下，可用手機操作，關閉某一個或全部窗戶，讓主人放心
物聯網+冰箱	冰箱聯網後，能隨時監測冰箱裡面的食物，當某些食物不足時會提醒主人；還可以監視各種美食網站，幫主人收集菜譜，並向購物清單裡自動添加配料；根據主人對每一頓飯的評價，瞭解主人的喜好

第 2 章　創新創意思路引導 | 15

表2-2(續)

「物聯網+」形式	功能說明
物聯網+燈	「大聯大」推出智能照明控制解決方案:「大聯大」旗下品佳推出基於 NXP LPC5410 並接入慶科雲的照明控制方案。該方案採用 MCU 輸出 2 路 PWM 控制燈光顏色,用 Wi-Fi 模塊來實現雲服務器的對接
物聯網+開關	飛利浦照明推出無線遙控開關:該產品由牆面開關、遙控器和人體感應器三部分構成,具有無線遙控、一鍵開關、一鍵尋回、人體感應等功能
物聯網+被子	隨心調節溫度的「空調被」:SmartDuvet Breeze 是一個充氣被子,網格管道式的設計可讓空氣在被子裡流通,通過手機應用控制主機調控溫度

表 2-3　　智能穿戴領域物聯網「+」何物舉例

「物聯網+」形式	功能說明
物聯網+心電衣	聯想智能心電衣:這是首款 12 導聯的醫療可穿戴設備,能 360 度掃描心臟,提供心率數據,監測心血管疾病。它可做你的運動教練,也是健康預警機
物聯網+錢包	Baggizmo Wiseward 內置的 UV 燈,可以用來驗鈔,還內置 NFC、藍牙芯片,它可與智能手機連接,輕輕點錢包兩下,手機就會振動並發出聲音
物聯網+風扇	廣東移動攜美的推出智能風扇:這款基於 NB-IoT 的智能電風扇能通過穿戴設備獲取用戶睡眠狀態,並以此智能調節送風舒適度,進行智能助眠
物聯網+項鏈	Ivy 項鏈可以保護女性:初創公司 Smartfuture 開發了一款項鏈 Ivy。其可通過跟智能手機連接,發出求救信息或撥打求救電話,它還能錄下事發當時的音頻,其電池續航時間為 6 個月

表 2-4　　物流領域物聯網「+」何物舉例

「物聯網+」形式	功能說明
物聯網+無人機	100%手勢操作無人機問世:國外開發者研發了一種全手勢操作無人機 HanDrone,完全無須遙控器介入,整個使用過程通過佩戴的控制手環來傳遞操作指令
物聯網+高鐵、飛機	採用人臉識別技術,通過電子身分證、支付寶電子身分證、危險電子身分證等,不再需要身分證和登機牌,直接刷臉上高鐵或飛機

表 2-5　　　　　　　　其他領域物聯網「+」何物舉例

應用領域	「物聯網+」形式	功能說明
農業	物聯網+ 豬肉	豬聯網，從豬的出生、飼養、屠宰、加工、運輸、流通、零售整個過程，都將受到管理平臺監控，消費者也能通過掃碼追溯一塊肉的產品信息，並及時進行整理、分析、評估和預警
旅遊	物聯網+ 石頭	Compass Stone 內置 12 個 LED 閃光燈，可通過不同的閃耀模式來顯示時間，並指引用戶走向目的地。其導航基於一套叫作 YATAGARASU 的算法，能在沒有網路的情況下規劃具體路線
寵物	物聯網+ 寵物貨箱	科技公司 Unisys 通過 Digipet 系統強化了其數字物流解決方案，通過移動應用程序將飛機貨艙中的寵物與主人連接，具有自動警報、即時視頻監控甚至語音聊天等功能
	物聯網+ 寵物項圈	給寵物帶上 Anicall 項圈，可以幫你找回走失的狗狗，還可以監測狗狗的壓力水準。項圈採用藍牙進行通信，續航時間更長
醫療	物聯網+ 醫療	人身上可以安裝不同的傳感器，對人的健康參數進行監控，並即時傳送到相關醫療保健中心。若發現體溫、血壓、心電圖、血氧檢測數據有異常，保健中心可通過手機提醒佩戴者前往醫院檢查

三、參考電子商務創新、創意及創業相關項目立項選題

（一）地區級電子商務創新、創意及創業相關項目申報立項選題

可以參考校級、地區級電子商務項目申報選題，通常項目申報立項範圍主要包括：①軟件開發與設計項目；②社會調研項目；③商業策劃項目；④應用性、創新性研究項目；⑤其他有價值的研究與實踐項目。

（二）國家級電子商務創新、創意及創業相關項目申報立項選題

2017 年地方高校國家級大學生創新創業訓練計劃項目部分名單如表 2-6 所示，更多名單請見網站：國家級大學生創新創業訓練計劃平臺。

表 2-6　2017 年地方高校國家級大學生創新創業訓練計劃項目部分名單

項目名稱	項目簡介
自主移動智能雲打印機器人研製	面對打印機供不應求的問題，該項目提出在現有打印機的基礎上，建立完整的雲打印平臺，運輸打印出的文件給客戶和自動充電的一體化機器人，實現自動化打印，減輕人工負擔，提高工作效率
減負快遞包裝箱設計及其回收模式研究——以北京物資學院為例	本項目通過創新研究出綠色多尺寸自身封箱包裝箱，解決使用塑料膠帶進行封箱帶來的環境污染問題。由於設計的包裝箱造價成本高且需求量巨大，因此同時還研究減負包裝箱的回收利用模式，解決快遞包裝的污染與資源浪費問題
基於人性化服務需求優化高校圖書館座位管理系統	以作者所在的學校為例，由於學校圖書館自習室座位管理系統不夠完善，以致出現隨意搶座位、用書本占座位的現象，座位不能得到充分利用。本項目針對該問題，設計基於時間管理的高校圖書館作為管理系統
樹懶懸賞互助 App	項目研究設計以 App 為主，以微信公眾號和小程序為輔的一系列關於大學生懸賞互助的 P2P 互聯網行銷工具。App 主要用於公布懸賞信息，溝通交流板塊用於連接學生 P1 發布懸賞需求和學生 P2 接單被懸賞的溝通、兼職信息發布等
高校服務平臺——高校跑腿君	高校跑腿君是一個集校園餐廳訂餐、代取快遞、代發快遞、商品代買等跑腿服務，學業、出行、旅遊、教務查詢於一體的綜合服務平臺；同時是一個集學生平臺下單，商家端接單，配送端搶單於一體的 O2O 服務平臺
速停吧	為提高市民出行效率、提高城市空間利用率、解決停車難和亂停亂放及被罰款等問題，本項目擬設計一款快速、精準搜尋車位的 App 軟件，通過大量智能傳感器利用 ZIGBEE 無線傳輸技術組建城市智能網路，把城市的每個停車位信息集中到服務器，用戶利用手機等移動設備查詢。同時通過手機定位系統為用戶推薦附近停車場的空餘車位信息，以及路線導航，從根本上為用戶解決停車難問題
抗戰老人口述史資料收集整理	「抗戰老人口述史資料收集整理」不僅是一個具有重要學術價值和現實意義的項目，更是一個跟時間賽跑的搶救性項目。抗戰史研究要深入，就要更多通過檔案、資料、事實、當事人證詞等各種人證、物證來說話。本項目將開展對戰爭親歷者資料的收集工作，立足江蘇南通，面向全國。由於當年親身經歷血與火洗禮的年輕人都已經是耄耋老人，時不我待，萬分緊迫，刻不容緩

四、參考當前社會熱點

(一) 社會熱點概念及收集渠道

社會熱點涉及各行各業，主要以道德、法律、公民意願等意識層面為主，是一個社會民眾整體關注的社會民生、百姓問題，能引起社會廣泛關注、參與討論、廣泛傳播、激起民眾情緒，能引發民眾強烈反響的廣泛問題或事件。

關於社會熱點的收集，可以將看過的新聞用瀏覽器等收藏起來，或者將關鍵詞提取出來，待團隊進行頭腦風暴式討論的時候作為參考。關注渠道非常多，主要包括以下方式：

1. 傳統渠道

如新聞聯播、新浪微博、鳳凰網、新華網、騰訊網、環球網、中公教育網等渠道。

2. 關注會議

關注國內、省市、學校主要會議，如人民代表大會、人民政治協商會議、中國共產黨全國代表大會等。關注專業會議，如「論文的選題與研究」、雲計算博覽會、電子商務「創新、創意及創業」論壇、中國國際電子商務大會、全球互聯網經濟大會（GIEC）、中國醫藥產業未來領袖峰會、供應鏈創新峰會、WMMS全球移動行銷峰會、跨境B2B電子商務峰會、2017中國泛娛樂產業高峰論壇（泛娛樂電商）、中國電商與零售創新國際峰會（零售）、國際智慧醫療創新論壇暨智創獎、中國跨境電商峰會暨展覽、互聯網+銀行數字化風控創新大會、中國數字行銷創新國際峰會等。

3. 常用信息渠道

關注閱讀量大及網友討論參與度高的QQ聊天記錄、微信朋友圈抓飯、微博頭條、微博話題、百度搜索風雲榜等，這些工具學生接觸較多，是查找社會熱點的最佳工具。

(二) 社會熱點關鍵詞舉例

以下是關於經濟與房產行業、農村、電子商務、物流與交通、環保與公益、生活與家庭、科技、文化與城市、校園、經濟與法律方面所列舉的部分關鍵詞，各位在撰寫項目背景的時候，可以將這些詞彙通過R軟件或其他工具繪製成詞雲圖片。

1. 經濟與房產行業

相關關鍵詞如：房價、二手房、房屋租賃、房產稅、農民工、長江經濟帶、沿淮經濟帶、數字貨幣、區塊鏈、比特幣、眾籌、互聯網金融、共享經濟、雄安新區、個人徵信、房貸、全面深化改革、房地產法律、房地產經紀、GDP、三駕馬車、房地產投資、經濟泡沫、實體經濟、房地產供給側改革、房產稅、二套房、二胎、炒房團、沙盤模擬、裝修、房產投資、小微企業、膠囊公寓、房車等。

2. 農村

相關關鍵詞如：農村淘寶、農村用地、農村電商、拼多多、郵政、社區、信用合作社、留守兒童、農村孤寡老人、脫貧、綠色蔬菜、城鄉差距、精準扶貧、農村勞動力、支教、旅遊扶貧、電商扶貧、教育扶貧、農家樂、鄉村文化、中藥材、土雞蛋、土特產、大學生回鄉、農民工返鄉、農民工法律、城鄉互助、美麗鄉村、農村土地流轉、古村落、農民工創業、社保、智慧農村、農村物流、別墅、基層黨建、大學生創業等。

3. 電子商務

相關關鍵詞如：跨境電商、互聯網+、眾籌、P2P、O2O、網約車、網紅、網路直播、抖音、大數據、網路新媒體、全媒體、生鮮電商、醫藥電商、工業電商、雙十一、雙十二、618、紅包、支付寶、短視頻、公眾號、小程序、無人零售、自媒體、表情包、約拍、移動支付、渝新歐、成新歐、西新歐、阿里巴巴、眾籌、京東、拼多多、淘寶等。詞雲製作如圖 2-2 所示。

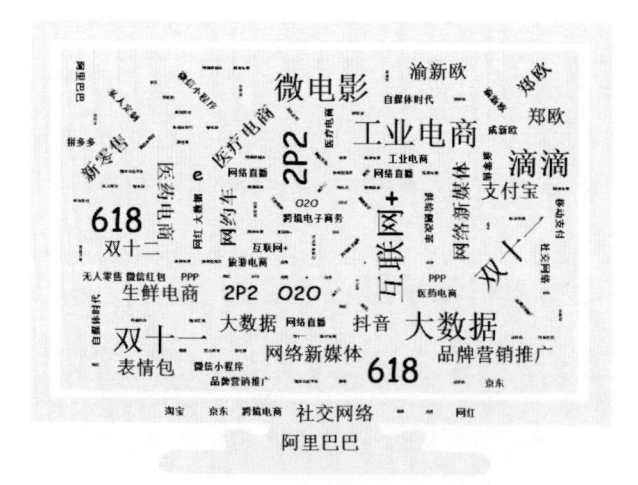

圖 2-2　電子商務熱點關鍵詞詞雲

4. 物流與交通

相關關鍵詞如：無人機、無人車、一帶一路、堵車、停車位、物聯網、冷鏈物流、校園快遞、物流仿真、快遞櫃、共享倉庫、校園跑腿、智慧交通、軌道、綠色交通、成新歐、西新歐、蘇蒙歐、京東618、供應鏈金融、智慧物流、智能包裹、順豐、圓通、申通、中通、菜鳥物流、韻達、外賣、小黃車、拼車、雙十一、雙十二、海運、國際物流、跨境運輸、裝卸搬運、配送、信息處理、醫藥物流、物流聯盟、生鮮宅配等。詞雲製作如圖2-3所示。

圖2-3 物流與交通關鍵詞詞雲

5. 環保與公益

相關關鍵詞如：霧霾、低碳、節能減排、美麗中國、塵肺病、新能源、污水處理、可持續發展、垃圾分類、垃圾回收、智能垃圾箱、自閉症、震後重建、失獨老人、空巢老人、螞蟻森林、大氣污染防治、地溝油、藍天青山綠水、植樹節、污水治理、環保監督、清潔能源、供熱新技術、環境監測、新能源、循環經濟、志願者、公益基金、眾籌、水滴籌、沙漠化、脫貧攻堅、世界環境日、賑災、公益影像、正能量、共享單車等。

6. 生活與家庭

相關關鍵詞如：防盜、養老、二胎、寵物寄養、舊物改造、社區、資源共享、學前教育、獨生子女、失獨老人、空巢老人、百歲老人、養老、舌尖上的中國、智能家居、智能行李箱、智能花盆、智能監控、家教、原生家庭、家庭影院、家庭財產、熊孩子險、家政、物業管理、幼兒教育、民宿、智能家居、智能門鎖、智能空調、自動疊、裝修、家庭旅遊、上門廚師、親子遊戲、家庭醫生、虛擬機器人、Gatebox、大齡剩女等。

7. 科技

相關關鍵詞如：太陽能、VR、AR、記憶纖維、3D打印、可食用分解材料、無線傳感器、石墨烯、人腦工程、智能檢測、量子、機器人、智能語音、大數據、數據挖掘、深度學習、物聯網、智能行李箱、智能花盆、全息投影、智能家居、代步車、深度學習、神經網路、基因檢測、納米技術、仿生機械、人工智能、雲服務、三維技術、藍牙技術、管理信息系統、二維碼、科技館、資源共享、科技協會、物聯網、車聯網、創新創業、自動疊衣、可穿戴、cdr、機器學習、人工智能、AI、CES、全景、電子展、智能傳輸機、智能筆記本、虛擬機器人、指紋識別、家庭虛擬機器人、Gatebox等。

8. 文化與城市

相關關鍵詞如：智慧城市、傳統手工藝、老兵、歷史遺跡、文化保護、城市形象、非遺文化傳承、非物質文化、民間手工藝、舌尖上的中國、老人跌倒、網紅現象、紅色旅遊、蝸居、旅遊扶貧、漢服、飲食文化、塗鴉、街舞、直播、抖音、城市記憶、傳統節日、中華美德、中華美食、川菜、湘菜、新年、端午節、紅包、夜景、篝火晚會、廣場舞、七夕、民間故事、除夕、二胎、導盲犬、漫畫、二次元、cosplay、城市軌道交通、城鄉互助、AR旅遊、人口老齡化、網路文學、民間文學、鄉愁、歷史記憶等。詞雲製作如圖2-4所示。

圖2-4 文化與城市關鍵詞詞雲

9. 校園

相關關鍵詞如：高考、專業滿意度、創新創業、校園外賣、懶癌症、微課、慕課、在線課程、貧困大學生、助學、早自習、點名、大學生家教、大學生英語、大學生兼職、校園快遞、大學生網購、校園跑腿、網路遊戲、手機課堂、大學生社會主義核心價值觀、大學生信仰、校園欺凌、大學生心理、畢業季、校園二手交易、特殊教育、畢業照、校園法律、三下鄉、就業選擇、表情包、網路約拍、大學生就業、技能交換、考研、職業生涯規劃、開卷考試、寢室文化、校園

文化、網路公開課、助學金、校園打印、雲打印、電腦維修、思想政治理論課、大學生旅遊、圖書館、自習室、知識共享、校園戀愛、留學、校園設計、智慧校園、校園詩歌、cosplay、手機控、社會實踐等。詞雲製作如圖2-5所示。

圖2-5　校園關鍵詞詞雲

10. 經濟與法律

相關關鍵詞如：校園法律、校園裸貸、P2P、小微企業融資、老人跌倒、個人信用、電子商務法、經濟法、合同法、勞動法、知識產權法、網路經濟、區域經濟、房產稅、遺產稅、婚姻法、保險、校園借貸、房產稅、二套房、法律諮詢、法律經濟學、模擬法院、比特幣、典當、產品退換貨、淘寶刷單、惡意差評、刪差評、一元購、信息洩露、競價排名、網路詐騙、投訴監督、知識產權、大數據、網路法院、信息監測、共享單車、押金、退改費、跨境電商售假、微商、廣告法、快遞糾紛、貨不對板[①]等。

五、從生活中遇到的問題思考而來

電子商務創新、創意思路的引導可以從個人生活中遇到的問題或者可能遇到的問題思考和延伸擴展而來。

1. 思考方法

創意需要團隊以「頭腦風暴」形式進行。

(1) 所需工具：一張A2紙、幾只筆、思維腦圖或百度腦圖。

---

① 電子商務研究中心.重磅|「年度十大互聯網+法律關鍵詞」出爐：一元購、共享單車等上榜［DB/OL］.(2017-06-23)［2018-6-11］.http://www.100ec.cn/zt/1617bg.

（2）思考方式：頭腦風暴，成員間每個人發言將自己的想法說出來，由專人進行記錄（把頭腦風暴的信息寫進來）。針對要解決的問題，相關專家或人員聚在一起，在寬鬆的氛圍中，敞開思路，暢所欲言，尋求多種決策思路。

　　（3）頭腦風暴法有利於倡導創新思維，其四項原則有：

　　① 各自發表自己的意見，對別人的建議不做評論；

　　② 建議不必深思熟慮，越多越好；

　　③ 鼓勵獨立思考、奇思妙想；

　　④ 可以補充完善已有的建議。

　　通過頭腦風暴提出生活中遇到的各種問題，然後針對問題一一提出創新創意與創業點，並在百度腦圖中記錄，首先呈現出如圖2-6所示的眾多創意思維火花。

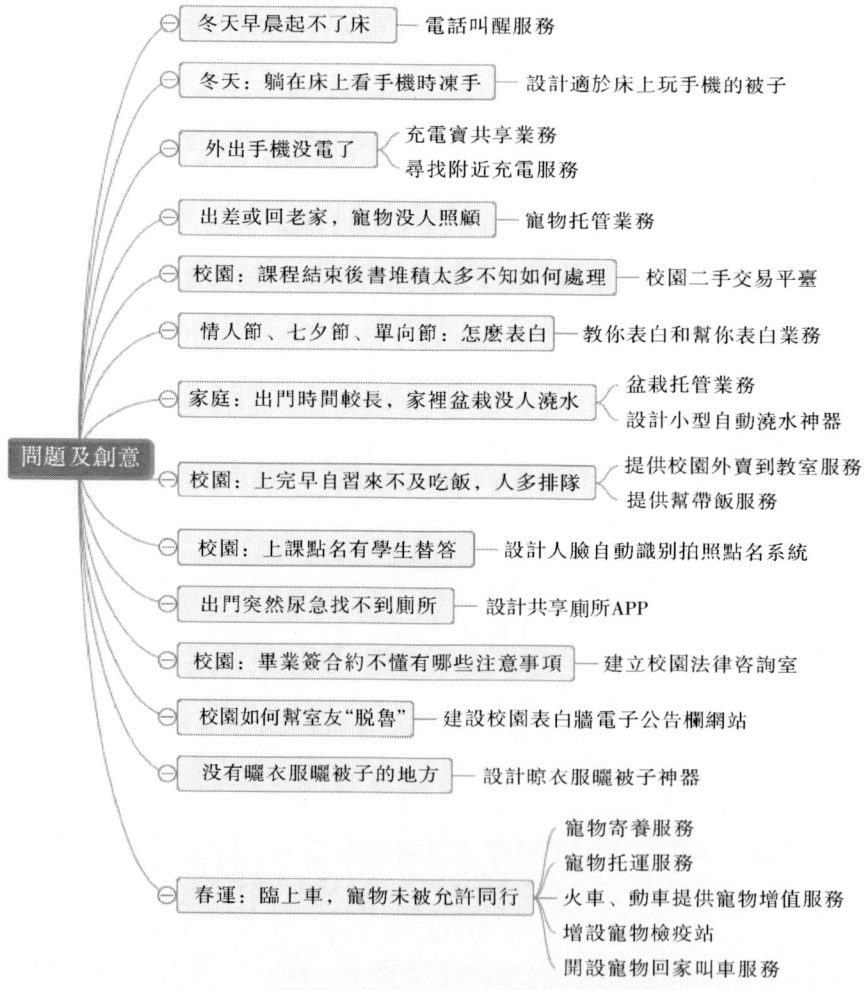

問題及創意
- 冬天早晨起不了床 — 電話叫醒服務
- 冬天：躺在床上看手機時凍手 — 設計適於床上玩手機的被子
- 外出手機沒電了
  - 充電寶共享業務
  - 尋找附近充電服務
- 出差或回老家，寵物沒人照顧 — 寵物托管業務
- 校園：課程結束後書堆積太多不知如何處理 — 校園二手交易平臺
- 情人節、七夕節、單向節：怎麼表白 — 教你表白和幫你表白業務
- 家庭：出門時間較長，家裡盆栽沒人澆水
  - 盆栽托管業務
  - 設計小型自動澆水神器
- 校園：上完早自習來不及吃飯，人多排隊
  - 提供校園外賣到教室服務
  - 提供幫帶飯服務
- 校園：上課點名有學生替答 — 設計人臉自動識別拍照點名系統
- 出門突然尿急找不到廁所 — 設計共享廁所APP
- 校園：畢業簽合約不懂有哪些注意事項 — 建立校園法律咨詢室
- 校園如何幫室友"脫魯" — 建設校園表白牆電子公告欄網站
- 沒有曬衣服曬被子的地方 — 設計晾衣服曬被子神器
- 春運：臨上車，寵物未被允許同行
  - 寵物寄養服務
  - 寵物托運服務
  - 火車、動車提供寵物增值服務
  - 增設寵物檢疫站
  - 開設寵物回家叫車服務

圖2-6　採用百度腦圖工具進行創新創意思考的方法

然後團隊成員在討論出的眾多創新創意與創業點子中選擇其中一個問題或對策作為項目策劃的主題進行延伸思考，將整體思路結構構思出來。

2. 從生活問題思考創意案例

從生活中遇到的問題出發，思考創新創意，例子如表 2-7 所示。

表 2-7　　　　　從生活中遇到的問題思考而來舉例

針對的用戶	問題描述	對策/創意想法/案例
愛看書者/書多者	買的書看完後就不用了，致使家裡書籍堆積如山	大叔在屋門口設置神奇箱子與其他人置換書，使資源得到充分利用，節約資源，讓愛看書者省下一大筆錢①
女性	印度很多女性安全得不到較好保護；婦女多次街頭呼籲增加警力保護	打造了一款能夠為用戶提供私人保鏢服務的應用軟件——滴滴打人，為需求者提供經過嚴苛訓練的保鏢；只要啟動「滴滴打人」，保鏢們就會從最近的地方迅速趕過去②
愛美人士	不會化妝，也不想學	美到家、美上門：為時尚人士量身打造的O2O美妝上門服務平臺，致力於為廣大愛美人士提供時尚、自信、自主的美妝上門服務，為時尚人士提供最適合自己的美妝搭配方案③
家庭	廚藝不好；聚會人手不夠；想找大廚上門無資源	平臺提供專業大廚或者私家廚師上門為你燒菜的服務④⑤⑥
寵物主人	外出照顧不了寵物；想舉辦愛寵婚禮，找不到策劃	寵寶App為寵物主人提供一個平臺，為寵物進行婚禮策劃、遛寵服務、寵物監督、寵物相關產品購買等服務

---

① 邊澄澄. 大叔在門口放了個神奇箱子，引大家跟風又掀起一番潮流! [DB/OL]. (2017-07-27) [2018-03-22]. https://baijiahao.baidu.com/s? id=1574049364898417&wfr=spider&for=pc.

② 威史. 印度推出「滴滴打人」軟件大受歡迎 [DB/OL]. (2017-12-03) [2018-03-22]. http://www.sohu.com/a/208221420_600535.

③ 如此的無奈. 美到家App預約上門化妝使用方法 [DB/OL]. (2015-07-06) [2018-03-22]. https://jingyan.baidu.com/article/5225f26b606c3ae6fa0908e4.html.

④ 上海樂快信息技術有限公司. 好廚師 [DB/OL]. (2015-01-01) [2018-03-22]. http://www.chushi007.com/.

⑤ 沈陽冠業科技有限公司. 廚神駕到 [DB/OL]. (2016-01-01) [2018-03-22]. http://www.chushen521.com/.

⑥ 愛大廚（北京）信息技術有限公司. 愛大廚 [DB/OL]. (2013-01-01) [2018-03-22]. http://www.idachu.com/.

表2-7(續)

針對的用戶	問題描述	對策/創意想法/案例
貨車司機、貨主	閒置貨車空跑浪費錢，貨主找不到貨車。兩邊都著急，可卻難以對接	滴滴送貨、沙師弟：一個連接貨車司機和有運貨需求的貨主的平臺。就像滴滴打車閒置的私家車可以接單一樣，閒置貨車能共享即時位置，貨主則可以發布即時的貨運需求①
墓主親人	清明節堵車回家不易，但不能不祭祖	滴滴掃墓：墓主的親人創建資料→發送訂單→有閒暇時間的人搶單幫掃墓→墓主的親人還可以對服務做出評價
大學師生	學校周圍商家折扣信息不能及時獲知；餐飲外賣只送到學校門口等	螢火蟲：公司以校園社群經濟為商業模式結合O2O平臺，為在校大學生提供送餐到宿舍、學校周圍最新最優惠商家折扣信息、為在校大學生提供創業平臺等服務

六、從團隊專業優勢及擅長領域出發

團隊構建時在專業領域、擅長領域、資源優勢、其他優勢等方面不同，電子商務創新、創意與創業的想法可以從中思考而來。如表2-8所示②③。

表 2-8　　從團隊成員優勢思考創新、創意與創業

專業優勢或團隊成員優勢	創新、創意及創業思考舉例
有大量的時間	【跑腿團隊】跑腿員的業務範圍頗廣，幫人排隊掛號甚至可替你向愛慕的人表白等，只要打電話，不用你出面，就能幫你跑腿完成
顏值高，會賣萌、會溝通	【程序員鼓勵師】給程序員準備早餐。除早餐外，還要肩負著送午餐、叫外賣、幫忙跑腿等事情

---

① 毒舌科技．滴滴拉屎、滴滴打人、滴滴叫雞，這些「異想天開」的項目竟值幾個億［DB/OL］．(2016-07-25)［2018-03-22］．http://news.newseed.cn/p/1325763.
② 佚名．貧窮限制了我的想像！陪逛街每小時一千元，陪玩手遊三月賺二十萬［EB/OL］．(2018-03-30)［2019-08-02］．https://new.qq.com/omn/20180330/20180330A0YT02.html#p=5.
③ 百家號：阿述夫人．貧窮限制了我的想像！美女陪人逛街買衣服，每小時收費880！［EB/OL］．(2018-03-14)［2018-08-02］．http://baijiahao.baidu.com/s?id=1594892757925760406&wfr=spider&for=pc.

表2-8(續)

專業優勢或團隊成員優勢	創新、創意及創業思考舉例
會穿衣搭配	【款挑師】陪同購物，陪逛時細心觀察客戶的需求，並根據顧客形象，給出建議，為用戶打造私人定制妝容、提供服裝搭配意見，讓搭配不再是T臺模特的專利
打游戲超厲害	【手遊陪玩師】打造游戲陪玩團隊，接單進行游戲陪玩
會做造型	【造型師】高級造型師為客戶提供時尚造型、街拍造型等服務
喜歡跑步、聊天	【職業陪跑員】陪跑步，既鍛煉身體，又賺錢
所在城市常下雪	捏小雪人並出售；出售代錄指定雪景視頻、提供在雪上寫指定文字或拍照服務

七、從其他創業團隊的劣勢思考而來

如在進行電子商務三創賽、「互聯網+」比賽、大學生科技創新項目時發現，大部分文科專業學生在寫策劃書方面都沒有較大問題，但在微信公眾號營運、淘寶店鋪開設、App製作、網站建設等方面面臨技術問題。針對團隊所面臨的這些普遍問題，各團隊通常沒有考慮到團隊與團隊之間的合作，均為獨立的團隊，缺少相互之間的合作與共贏。案例如表2-9所示。

表 2-9　　　從團隊專業思考創新及創業舉例

其他學生團隊面臨的問題	相關專業及創業思考舉例
其他團隊面臨網站建設或App製作問題	信息管理與信息系統、計算機等專業學生可成立網站建設或App製作團隊，專門為學生團隊建設網站或製作App
其他團隊面臨答辯PPT不精美或不會製作宣傳視頻等問題	網路新媒體專業、電子商務等專業學生可以成立新媒體團隊，為其他學生團隊進行PPT的精修工作、視頻製作、答辯PPT轉視頻製作等服務
在電子商務實踐方面，大部分團隊面臨淘寶店開設、微店開設等實踐問題	學習過電子商務概論課程的專業學生可以成立網路開店團隊，為其他學生團隊進行網店開設與營運、產品發布、物流運作、客戶服務等網路開店操作，收費比市場價便宜，但能從中創業贏利

八、其他選題建議

這裡為大家提供其他一些創新選題，如：

（1）超市產品手機定位導航系統（涉及信息系統）。

（2）出售未來時間。

（3）隨時隨地棒棒軍 App。

（4）小組選擇一個自己熟悉的區縣作為目標地區，然後打造一個銷售當地特色產品的網站，這個網站同時也能利用已有的物流體系為當地居民從城裡帶產品到農村。

（5）重慶火鍋外賣網站：能將火鍋打包送到消費者指定的地方，並能回收餐具。

（6）語音自助網路購買 App：安裝後，即使不會使用手機的老人，也可以使用該工具。

（7）時空網站/時空校園：能將信件、物品、視頻等發送給若干年後的自己或他人。

（8）項目眾創人才集結平臺：對於有好項目，但缺乏志同道合的相關專業人才，可以在這個平臺上找到。

（9）會員卡整合網：一個消費者擁有很多不同行業、不同店鋪的會員卡，消費者成了卡奴，通過整合將這些會員卡整合到網站或一張卡上。

（10）人人廚藝：作為一個平臺，人人都可以做菜並外賣出去。

第 3 章　策劃書框架結構及內容寫法

電子商務創新、創意與創業策劃書最開始需要確定策劃書基本框架結構。策劃書基本框架結構主要如表 3-1 和圖 3-1 魚骨圖所示。

表 3-1　　　電子商務創新、創業與創業策劃書基本框架

項目概要
公司描述
產品與服務
盈利模式
市場調查與分析
競爭分析與風險控制
行銷與推廣
企業網站內容及框架設計

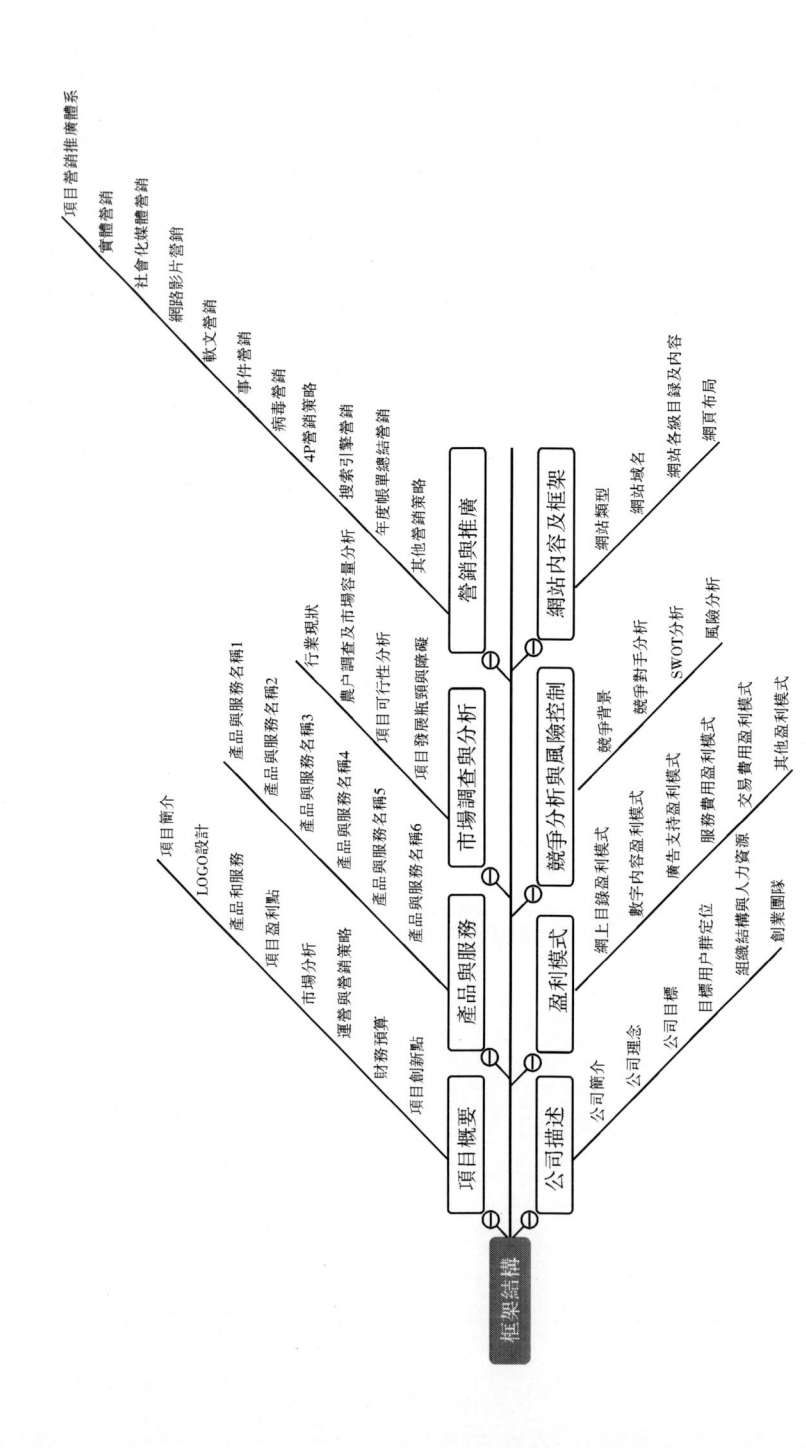

圖 3-1 電子商務創新、創意與創業策劃魚骨圖

30 ｜ 中國「互聯網＋」的大學生電子商務創新創意與創業策劃

一、項目概要

本部分內容都要精簡，這是對其他所有內容的概括，要求能讓評委或投資方直接通過這部分內容就清楚明白項目，並能吸引評委或投資方的眼球。

項目重要內容或關鍵詞需加粗。

（一）項目簡介

項目簡介部分，需要讓閱讀者對項目概況一目了然。因此需要在本部分簡明扼要描述清楚項目的背景、目的和意義、用戶群體、電商項目所屬行業類別、電子商務模式、提供的主要產品和服務、功能應用、項目 LOGO、項目業務、面臨的客戶群體、項目發展階段、公司註冊情況、App 建設、網站建設、營運建設、粉絲數據、銷量、盈利等。項目簡介一定要用簡短而易懂的文字描述出來，在比賽答辯、項目申報的時候都極為重要，要求盡量做到讓評委僅通過項目簡介就清楚該項目。項目簡介內容一般 400 字左右。

當然最關鍵的一點，該項目一定要與電子商務相關，且如何與電子商務相關要描述清楚。項目簡介涉及項目策劃、電子商務模式、電子商務行業類別、項目的目的和意義、知識等內容，以下是對所涉及電商知識的歸納與總結。

1. 項目的目的和意義

項目的目的和意義是回答「為什麼要做這個項目」問題、初衷是什麼。該選題的目的一般主要表現為項目今後擬實現的功能、滿足用戶某一個或多個需求和願望、能解決當前人們或社會面臨的某一問題、能實現項目組成員什麼目的、提升某一方面的功能等。本段文字描述一定要精簡，無須擴充細化。

項目的意義一定要提升到一個新的高度，可以從發現、探討、解決人類問題、流浪寵物、社會治安、環境污染、資源短缺、貧富懸殊、大學生就業難等方面入手，致力於提高人類幸福度、救助與關愛流浪寵物、增進社會和諧度、修復生態環境、扶貧助農、提高大學生就業率等，如表 3-2 所示。

表 3-2　　　　　　　　項目意義的高度提升

原項目內容	項目的高度提升
大學生培訓	提高大學生就業率、提高大學生就業質量、提高大學生就業技能
垃圾回收	修復生態環境、可持續發展、建設美麗城市、發展循環經濟
農產品銷售	扶貧助農、提高農民收入、縮短城鄉差距、提升農戶收益

2. 項目的目標

目標是一種「行動承諾」，它必須具體、可操作、可實現、可檢驗。目標必須是細化的，對有關組織生存、發展和實現宗旨所必須開展的各方面工作都必須制定相應的目標。通常策劃書裡面寫的項目目標為整個創業團隊、整個組織的目標而非個人目標。此處的項目目標應簡要描述，一段話或一張圖即可。如「寵寶 App」項目的目標描述為：為寵物飼養者和寵物提供更便捷、更全面、更為專業的服務。

3. 電子商務概念

各團隊在區分自己項目所屬電子商務模式前，非電子商務專業學生以及未上過電子商務概論課程的學生，需要掌握電子商務的概念，瞭解電子商務的產生與定義。電子商務的產生和發展離不開計算機的廣泛應用、網路的普及和成熟、信用卡的普及應用、電子安全交易協議的制定、政府的支持與推動、現代物流的發展。電子商務分為狹義電子商務和廣義電子商務。廣義電子商務又稱為電子業務（Electronic Business，簡稱 EB），指除了買賣商品和服務外，還包括客戶服務、與商務夥伴之間的合作、網上學習、企業內部的電子交易等所有商務活動。國外將廣義電子商務定義為「a broader definition of EC that includes not just the buying and selling of goods and services, but also servicing customers, collaborating with business partners, and conducting electronic transactions within an organization」。可以認為，廣義電子商務包含了狹義電子商務的內容。狹義電子商務（Electronic Commerce，簡稱 EC）是指通過包括互聯網在內的計算機網路來實現商品、服務或信息的購買、銷售與交換的過程。

不論廣義還是狹義，電子商務從詞語構成來看都可以分為「電子」和「商務」兩個詞，即電子化手段和商務活動。其中，「電子」是工具，「商務」才是最終目的。

4. 電子商務模式

（1）按照參與主體分類

在分為 G2G、G2B、G2C、B2B、B2C、C2G、C2B、C2C 類型的分類依據中，不同的書籍及網路上各資料顯示分類依據不同。通過書籍對比，趙禮強的分類依據為交易對象，胡宏力和解新華的分類依據為參與主體，邵兵家的分類依據為交易特性或交互性。通過查閱新華字典，「參與」表示參加或交往友好，「交易」表示以物換物或買賣商品，「對象」表示目標，「主體」表示事務的主要部分，同時參考各家之言，按照參與主體進行分類，電子商務可以分為 G2G、G2B、G2C、B2B、B2C、C2G、C2B、C2C 等類型，如圖 3-2 所示。

```
                    ┌─────────────────────────────┐
                    │   按照參與主體對電子商務分類   │
                    └─────────────────────────────┘
  ┌────┬────┬────┬────┬────┬────┬────┬────┬────┐
 G2G  G2B  G2C  B2G  B2B  B2C  C2G  C2B  C2C
```

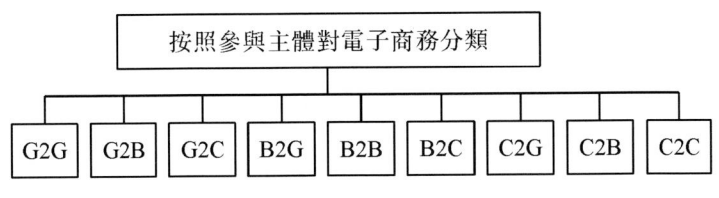

圖 3-2　按照參與主體對電子商務分類

此分類下，電子商務創新、創意與創業項目中常用的有 B2B、B2C、C2C、C2B 四種。

① B2B

B2B，指企業與企業之間通過互聯網進行產品、服務及信息的交換。主要以外貿業務為主，進行網上接單、網上支付、網上推廣等，從而增加外貿企業的銷售途徑。

② B2C

企業通過互聯網為消費者提供新型的購物環境——網上商店，消費者通過網路在網上購物、在網上支付，節省了客戶和企業的時間、空間成本，大大提高了交易效率。

B2C 電子商務主要類型有：門戶網站、電子零售商、內容提供商、交易經紀人、社區服務提供商等。

③ C2C

C2C 是個人對個人的交易形式。它是人與人之間自由交易的平臺，這類網站是學生在擬進行創新、創意與創業選題時常選擇的一種電子商務模式。相比 B2B 和 B2C，C2C 在進行交易時需要確保產品的質量和交易安全。C2C 代表網站有淘寶網、轉轉二手交易平臺、閒魚、易趣網、賞金任務網、約拍網等。C2C 網站裡面，個人賣家能銷售的產品、信息或服務非常多，從普通產品、軟件、技能到奇葩產品、服務等，如淘寶網裡「李少波真氣運行法視頻書籍教程」「退役空姐網賣剝蟹技能服務」等。

④ C2B

C2B 的核心是以消費者為中心，消費者當家做主。真正的 C2B 應該是先有消費者需求產生而後有企業生產。通常情況為消費者根據自身需求定制產品和價格，或主動參與產品設計、生產和定價等彰顯消費者的個性化需求，生產企業進行定制化生產，如鑽石定制生產、馬克杯圖案定制生產。

(2) 按照商品過程中「四流」數字化程度分類

商品交易過程以產品形成為起點，以產品交付或實施服務為終點。按交易

過程在網路上完成的程度，即按照商品過程中信息流、資金流、物流、商流是否都能通過網路實現可以分為完全電子商務、不完全電子商務和非電子商務三種類型（圖3-3）。

```
          按照"四流"數字化程度對電子商務分類
          ┌───────────┬─────────────┬───────────┐
     完全電子商務    不完全電子商務    非電子商務
```

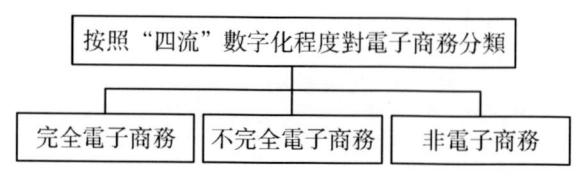

圖3-3　按照商品過程中「四流」數字化程度分類

①完全電子商務

完全電子商務指交易過程中的信息流、資金流、物流、商流都可以在網上完成，商品或者服務的整個商務過程都可以在網上實現的電子商務。如百度文庫購買電子書，可以直接通過網路下單，通過郵箱下載或帳號下載，電子商務中的「四流」均通過網路實現。

②不完全電子商務

不完全電子商務是指信息流、資金流、物流、商流並非都在網上完成，或者說完整的交易過程並不能都依靠電子商務方式來實現的商務。如美團團購火鍋，並線下消費，這個過程中，信息流、資金流、商流通過網路實現，物流不能通過網路實現。

（3）按照電子交易的地域範圍分類

按照電子交易的地域範圍進行分類，電子商務可以分為本地電子商務、遠程國內電子商務、全球電子商務三種類型（圖3-4）。

```
          按照開展電子交易的範圍分類
          ┌───────────┬─────────────┬───────────┐
     本地電子商務    遠程國內電子商務    全球電子商務
```

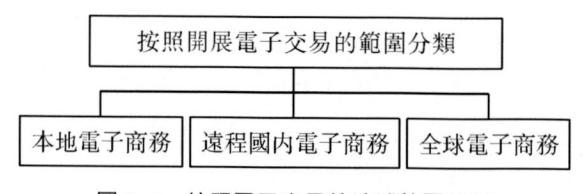

圖3-4　按照電子交易的地域範圍分類

（4）按照商品的交易內容/交易對象分類

①有形商品電子商務

有形商品電子商務指將實物商品的交易盡可能通過網路完成的電子商務形式。

②數字商品電子商務

數字商品電子商務是指通過網路傳輸數字商品從而達成交易的電子商務形

式。在數字商品的交易過程中，沒有實物商品的流通過程。如音樂、影視作品、軟件等便無實物流通過程。

數字商品可以分為信息和娛樂產品、概念性產品、過程和服務，也可以分為有形數字商品和無形數字商品。信息和娛樂產品包括紙上信息產品、產品信息、圖像圖形、音頻產品和視頻產品。概念性產品包括航班、音樂會、體育場的訂票過程，支票、電子貨幣、虛擬貨幣、信用卡等財務工具等。過程和服務包括政府服務、信件和傳真電子消費、遠程教育和交互式服務、數字咖啡館和交互式娛樂等。

數字產品還可分為有形和無形兩種。有形的數字產品是指基於數字技術的電子產品，如數碼相機、數字電視機、數碼攝像機、MP3 播放器、DVD、VCD 等。無形數字產品又稱數字化產品，是指經過數字化並通過數字網路傳輸的產品。

③服務商品電子商務

服務商品電子商務提供的也是無形商品，但和數字商品電子商務不同的是，有的服務商品電子商務流程中也有實物部分比如郵政、順豐等提供的物流服務等。服務商品電子商務如「愛奇藝」為會員帳號提供跳過廣告、免費點播等服務。又如「豬八戒」為威客提供的推薦資格、投標置頂、投標隱藏、插入名片與案例服務。服務商品類型非常多，有網站設計與開發、設計、編程開發、文案寫作、多媒體製作、市場調查策劃、公司註冊管理、企業管理、工程設計與製作、網路店鋪營運、生活服務等，詳細分類如圖3-5所示。

（5）按照商務活動內容分類

按照電子商務活動內容，可將電子商務分為間接電子商務、直接電子商務兩種類型。

①間接電子商務

間接電子商務又叫不完全電子商務，是指在網上進行的交易環節只能是訂貨、支付和部分售後服務，而商品的配送還需交由現代物流配送公司或專業的服務機構去完成。因此，間接電子商務要依靠送貨的運輸系統等外部要素。

②直接電子商務

直接電子商務是指商家將無形商品和服務產品內容數字化，不需要某種物質形式和特定的包裝，直接在網上以電子形式傳送給消費者並收取費用的交易活動。

```
服務內容1/2
├─ 網站類
│   ├─ 網站策劃
│   ├─ Flash動畫
│   ├─ 搜索引擎優化
│   ├─ 網站設計
│   ├─ 網站製作
│   └─ 網站程式開發
├─ 設計類
│   ├─ VI設計
│   ├─ LOGO設計
│   ├─ UI設計
│   ├─ 平面廣告設計
│   ├─ 產品包裝設計
│   ├─ 軟體介面設計
│   ├─ 工程設計
│   └─ 服裝設計
├─ 程式類
│   ├─ 軟體開發
│   ├─ 程式開發
│   ├─ 數據庫開發
│   ├─ 腳本程序
│   ├─ 應用程序
│   ├─ 嵌入式開發
│   ├─ 小程式開發
│   └─ 遊戲開發
├─ 寫作類
│   ├─ 文學創作
│   ├─ 翻譯
│   ├─ 活動策劃
│   ├─ 商業計畫書
│   ├─ 應用文寫作
│   ├─ 軟文
│   └─ 賽事指導
├─ 多媒體類
│   ├─ PPT製作
│   ├─ 影片剪輯
│   ├─ 攝影
│   ├─ 照片/音頻處理
│   ├─ 教材製作
│   ├─ 影視製作
│   ├─ 動畫漫畫
│   └─ 遊戲美術/UI
└─ 市場調查策劃類
    ├─ 營銷推廣
    ├─ 市場調查
    ├─ 命名服務
    ├─ 廣告與設計
    ├─ 創意策劃
    ├─ 品牌策劃
    ├─ 動畫漫畫
    └─ 公關/地推
```

```
服務內容2/2
├─ 公司註冊管理
│   ├─ 公司註冊
│   ├─ 商標註冊
│   ├─ LOGO註冊
│   ├─ 商標購買
│   ├─ 專利申請
│   ├─ 商業/辦公裝修
│   ├─ 智慧財產權服務
│   └─ 法律咨詢
├─ 企業管理
│   ├─ 代理記帳
│   ├─ 資金協助
│   ├─ 軟體著作權申請
│   ├─ 人力資源
│   ├─ 企業保潔
│   ├─ 財稅服務
│   ├─ 資質辦理
│   └─ 印刷服務
├─ 工程設計與製作
│   ├─ 效果圖設計
│   ├─ 建築設計
│   ├─ 規劃設計
│   ├─ 園林景觀
│   ├─ 機械設計
│   ├─ 智能硬體
│   ├─ 模具製作
│   └─ 生產自動化
├─ 網路店鋪營運
│   ├─ 店鋪設計
│   ├─ 攝影/影片
│   ├─ 店鋪營運
│   ├─ 營銷與推廣
│   ├─ 網路直播
│   ├─ 詳情頁設計
│   ├─ 開店入駐
│   └─ 客戶關係管理
└─ 生活服務
    ├─ 代辦/跑腿
    ├─ 家政/家教
    ├─ 寵物/幼兒托管
    ├─ 器具維修
    ├─ 投資理財
    ├─ 技能交換
    └─ 廚師上門
```

圖 3-5　電子商務服務內容分類參考

(6) 按照交易活動環境分類

　　按照交易活動環境進行分類，商務可以分為傳統實體商務即非電子商務、O2O 電子商務。其中，O2O 電子商務將線下商務的機會與互聯網結合在一起，兼具線上商城或應用、實體商店兩部分，如此商家能在線上招徠顧客，線下為客戶提供產品或服務，而消費者通過線上進行篩選服務、網路支付、網路點評，O2O 模式能使商家很快達到規模。O2O 電子商務模式需具備五大要素：獨立網上商城、國家級權威行業可信網站認證、在線網路廣告行銷推廣、全面社交媒體與客戶在線互動、線上線下一體化的會員行銷系統。有相當多 O2O 電商模式的網站，如蘇寧易購、美團、餓了麼、京東等。

　　O2O 有兩種方式：一種是「Online to Offline」，將線上用戶引導到線下消費。如用戶使用美團在線搜索火鍋並在線支付，然後去火鍋實體店出示訂單並享用美食。另一種是「Offline to Online」，將線下客戶引導到線上消費。如在京東某縣級服務中心一老爺爺看中一款手機，京東服務員引導並幫助老爺爺去

京東專網上購買，大爺購買成功並收到貨。

5. 項目簡介案例

大連工業大學項目「布丁攝影管家」的簡介為：「布丁攝影管家為攝影師、電商平臺和大學生客戶建立連接，**提供個人寫真服務、電商平臺等產品攝影服務**。同時，兼有美妝小鋪、服裝租賃等輔助業務。經過一年多的運行，目前平臺**關注量已達10,000餘人，月銷售額達9,000餘元**。」該簡介闡明了項目服務對象、功能、提供的主要產品和服務以及目前經營與銷售情況。

西南財經大學「U$Share——在校大學師生的技能交易商城」項目的簡介為：U$Share是一款為大學生精心打造的集技能交易、學霸分享、組隊等功能為一體的技能商城。本平臺的核心理念為「**知識共享，學生創業**」，為在校大學生利用閒暇時間輕鬆創業提供了方便。**①技能交易**（核心功能）。在平臺上，大學生可將自己所具備的一項或多項技能作為產品發布，技能可以是設計海報、製作視頻，甚至是取快遞、外賣等。**②技能培訓**。商家在發布技能時，可在產品介紹界面提供技能培訓功能。培訓可採取線上錄制視頻、在線指導等方式，線下可由雙方協商後開展。培訓費用也通過平臺進行支付。**③學霸分享＆導師諮詢**。本平臺特邀學霸或導師入駐。用戶通過平臺諮詢學業規劃、就業指導這類問題，得到更多有借鑑性的建議與指導。**④組隊**。在該平臺上，你可通過店家人氣度、好評率等指標去判斷該隊友的可靠性，大大減少了組隊的時間或金錢成本，並提高了團隊質量。

西南財經大學項目「大學魔法（Magic）教育平臺」的簡介為：本項目運用互聯網科技建立**模擬法庭教育系統，將現實的模擬法庭演練變成網上訓練操作**，利用互聯網的便捷性、及時性、信息傳播、資源共享等特性，將「**法+互聯網**」緊密結合，以服務與實務提升為宗旨，面向廣大法科在校學生、初入法律行業的工作者、社會大眾，是克服傳統模擬法庭教育弊端、推進普法教育而設計的創新教育產品。在高校中使用，學生與教師或者學生之間通過角色扮演、啓發式教學和案例教學的模式，模擬法院審判進行實訓教學。軟件圍繞教學大綱，對訴訟實務中的主要文書寫作和民事、刑事、行政審判流程中重要步驟以及相關知識點進行分段講解演練，並且加入詳細的模擬法庭教學案例及分析，實現學生與教師間的互動教學。

（二）**LOGO設計**

策劃書需要在適當位置放置LOGO以及設計理念，以加深印象。LOGO一定要自己設計，切勿雷同。LOGO設計並不是一成不變的，需要隨著公司發展做出改變。

1. LOGO 設計元素及特點

LOGO 設計的重要元素包括字體、色彩、icon、位置、中文名稱、英文名稱、網址等，也包括光感、大小、粗細等要素。一個 LOGO 可以包含所有這些元素，也可以僅包含一個或多個元素，元素與元素之間可以進行自由組合和搭配。如圖 3-6 所示，順豐優選主要運用了 Icon 圖標、網址、中文名稱。

圖 3-6　順豐優選 LOGO 元素說明

（1）單一元素 LOGO 設計

採用單一元素設計 LOGO 的企業或項目是極少數，由於只有一個元素，因此需要從字體、色彩、背景色、Icon、位置、光感、大小、粗細等方面區分和突出。採用單一元素設計 LOGO 有風險，容易導致印象不佳，或者與其他 LOGO 雷同。但市場上仍然有採用單一元素設計 LOGO 的企業，如圖 3-7 所示為威馬汽車 LOGO，LOGO 採用極光表現，極光是宇宙中能量交互的表現，LOGO 設計則借用極光表現汽車的電動功能和即時交互。

圖 3-7　單一元素 LOGO 設計案例——威馬

又如圖 3-8 所示中國工商銀行 LOGO 僅採用圖標元素，整體看像古代的錢幣，契合銀行業、金融行業，而中間方形的孔經過巧妙設置，看起來又是一個「工」字，這樣同時契合「工」字，以與其他銀行進行區分。當然這應該也是大家較為熟悉的 LOGO 之一。

圖 3-8　單一元素 LOGO 設計案例——中國工商銀行

其他採用單一元素進行 LOGO 設計的案例如圖 3-9 所示。世界 500 強中，保潔公司僅用英文縮寫元素；泰國國家石油有限公司僅有圖標元素，設計契合一滴石油的寶貴，也契合泰國人的信仰；奢侈品 Dior 公司的 LOGO 以黑色為主，以英文名稱作為 LOGO，大氣優雅；惠普採用背景色進行區分；綠葉生鮮電商包裝主營生鮮農產品電商包裝業務，其 LOGO 形似將綠葉完整包裝，寓意將產品小心翼翼呵護並完好配送到用戶手中。

圖 3-9　單一元素 LOGO 設計其他案例

（2）中文名稱+英文名稱 LOGO 設計

中文名稱+英文名稱的 LOGO 設計是企業經常採用的方式。由於只有名稱，因此需要在顏色、光感、字體、粗細、字體大小等方面進行設置，以突顯不同。如圖 3-10 所示，小黃車 ofo LOGO 設計形象生動，黃色英文字母契合名稱中的「黃」，黑灰色中文字與黃色形成視覺對比，同時「ofo」字樣的設計中兩個「o」字體比「f」小，外觀上好像一個小黃人在騎著自行車。整體色彩採用鮮明明朗的黃色，表明「騎時更輕鬆」的理念。

圖 3-10　中英文名稱組合 LOGO 設計案例

（3）Icon 圖標+名稱 LOGO 設計

Icon 圖標+名稱的元素組合，能讓人同時對圖標和企業名稱進行記憶，如 2017 年以後陌陌、土豆網、美團旅行、阿里媽媽、拜騰的 LOGO 設計，如圖 3-11 所示。

圖 3-11　Icon 圖標+名稱的元素組合 LOGO 設計案例

（4）+網址的 LOGO 設計

電商企業剛成立時為獲取更多認知度和瀏覽量，在 LOGO 設計的時候常將網址添加到 LOGO 中，其網址的位置都是頂部或底部。如圖 3-12 所示為+網址的 LOGO 設計中網址所處位置，1 號店 2017 年前後 LOGO 設計的明顯區別就是字體以及網址所處位置，阿里媽媽 2017 年前網址所處位置在底部，承載整個中文名稱。

圖 3-12　名稱+網址的元素組合 LOGO 設計案例

圖標+名稱+網址的元素組合，如 2017 年以前京東、大麥網的 LOGO 設計，2017 年以後百合網及啄木鳥的 LOGO 設計。如圖 3-13 所示。

圖 3-13　圖標+名稱+網址的元素組合 LOGO 設計案例

（5）+口號的 LOGO 設計

如圖 3-14 所示，2017 年之前優信二手車的 LOGO 設計中，將網址放於中文名稱上，將口號 Slogan 放於中文名稱下，在打響知名度之後才逐漸將 LOGO 進行簡化。

圖 3-14　+口號的 LOGO 設計案例

2. LOGO 設計特點

一個好的 LOGO 需要具備簡潔、優雅、識別性強、關聯性強、藝術性強的特點，或者具有趣味性、神祕感。

（1）簡潔

互聯網企業大佬的 LOGO 經常都在變化，但總體上 LOGO 設計都經歷了由繁到簡的過程，谷歌、蘋果、Twitter、微軟等互聯網企業就是例子。

例如，蘋果公司 1977 年最初成立時，其 LOGO 是在蘋果樹下閱讀的牛頓，外框上寫著「蘋果電腦公司」這幾個字樣，還用小字寫著「牛頓，一個永遠

孤獨地航行在陌生思想海洋中的靈魂」，非常複雜。之後設計師重新進行設計，以一個被咬了一口的蘋果徽標作為設計並保持到現在，當時這只蘋果是彩虹色的，後來變成黑色，然後變成透明色，又變成白色。但不管怎麼變，徽標依然是被咬了一口的蘋果，發展趨勢從繁到簡，如圖3-15所示。[①]

圖 3-15　蘋果公司 LOGO 設計變化

（2）識別性強

識別性強，要使用戶一眼看到 LOGO 就能知道公司或項目主營業務，當然這與品牌知名度分不開。同時 LOGO 還需與其他品牌有明顯區別。

①黃記煌 LOGO 設計案例

黃記煌的初始 LOGO 如圖 3-16 左邊一個所示，僅看 LOGO 和裡面的 Icon 圖標，或許認為其主要產品是大餅或月餅，很難與其主營產品燜鍋餐飲關聯起來。2017 年黃記煌發布了全新 LOGO，圖標中的小黃鍋線條更簡潔，色彩更靚麗，祈年殿的造型更凸顯了京派餐飲的時尚氣息，「黃記煌三汁燜鍋」幾個字也表明了其主營產品。

圖 3-16　黃記煌 LOGO 變化

②達達 LOGO 關聯性案例

達達快遞的 LOGO 設計識別性強，LOGO 當中包含名稱、網址、Icon 圖標、口號，其圖標設計採用奔跑的配送員和路的元素，極像一個「達」字。2017 年升級後的新 LOGO 在配送員的帽子上加了一抹橙色，顯得更生動。與此同時，達達的 Slogan 也進行了更新，全新的 Slogan 由之前的「可靠配送，在

---

① ping. 時尚界中的皇者——蘋果 Logo 進化史［DB/OL］.（2015-08-11）［2018-06-30］. https://blog.logo123.net/6524.

您身邊」換成了「達達一下，專業必達」。即使在 LOGO 設計趨於簡化之後，仍能從 LOGO 設計中識別出其是一家快遞配送公司（圖 3-17）。

圖 3-17　達達 LOGO 設計

（3）關聯性強

關聯性強，是指 LOGO 設計的寓意不能脫離公司、項目主營產品或業務。因此 LOGO 中所包含的某些元素需與公司主營產品或業務相關，讓用戶能通過 LOGO 聯想或猜測到公司主營產品或業務。

①重慶啄木鳥網路科技有限公司 LOGO 關聯性案例

重慶啄木鳥網路科技有限公司是以家電、家居生活為主營業務方向，提供以維修、清洗、保養、置換回收家電服務為主，以家居家具維修保養、家庭水電、開鎖換鎖等服務為輔的全國連鎖直營家庭維保服務企業。其 LOGO 設計加入啄木鳥元素，將啄木鳥保護樹木給樹木醫治的「森林醫生」概念與公司給家電保養、維修的「家電醫生」概念聯繫起來，強化了「維修」的業務。同時，在 LOGO 啄木鳥中心有一個扳手工具，更進一步強調其核心業務為「維修」。該 LOGO 設計成功將企業的業務進行了關聯（圖 3-18）。

圖 3-18　重慶啄木鳥網路科技有限公司 LOGO 設計

②香港電車 LOGO 關聯性案例

香港電車第一代 LOGO 為紅色背景藍色電纜標誌，很有年代感。2017 年香港電車發布全新的 LOGO。LOGO 主色調為綠色，代表綠色環保，電車形象設計也更加現代化。香港電車全新的標誌象徵繼往開來，既肯定了電車悠久的歷史文化價值，亦對未來充滿願景（圖 3-19）。

圖 3-19　香港電車 LOGO 設計變化

③百合網 LOGO 關聯性案例

百合網在發展之時 LOGO 包含網站名稱、網址、口號。在知名度提升之後，2017 以兩個人的形象作為圖標，從視覺表現上便可知其是婚戀網站，橙色也更加溫馨溫暖，定位從男女互聯向家庭互聯延伸，以成就和諧的生態體系和和諧的家庭關係為使命（圖 3-20）。

圖 3-20　百合網 LOGO 設計

④李先生 LOGO 關聯性案例

李先生品牌的舊版 LOGO 為圖標+中英文品牌名稱，但僅從 LOGO 看無法知悉其主營業務。2017 年，李先生推出全新品牌 LOGO 設計，升級後的品牌 LOGO 在人物形象上更年輕，溫文爾雅。同時 LOGO 去掉了英文名稱，側重於餐飲本地化，並增加了口號「加州牛肉大王」，讓外行也能知道其所屬行業和主營產品，更加具有辨識度（圖 3-21）。

圖 3-21　李先生 LOGO 設計變化

（4）具有神祕感

Regis McKenna 公關公司的藝術總監 Rob Janov 設計蘋果公司 LOGO 的時

第 3 章　策劃書框架結構及內容寫法 | 43

候，首先製作了一個蘋果的黑白剪影，但是總感覺缺了些什麼，於是簡化了蘋果的形狀，並將一側設計為被咬了一口（taking a bite）——a byte（一個字節），表明該 LOGO 與蘋果主營業務相關，與公司名稱相關，同時防止該蘋果 LOGO 看起來像一個西紅柿，還增加了六種顏色的水準色條，這樣就成就了當時的彩色蘋果徽標，如圖 3-22 所示。這個「被咬了一口的蘋果」設計理念沿用至今。該設計理念廣為流傳，一種說法是為紀念人工智能領域偉大的先驅者艾倫·麥席森·圖靈，但實際上是誤傳。其來源為 2001 年的英國電影 *Enigma*，該部電影虛構了前述有關圖靈自殺與蘋果公司 LOGO 關係的情節，被部分公眾以及媒體訛傳。但「被咬了一口的蘋果」這個形象實在太容易引起人們的好奇心，為什麼要設計一個被咬了一口的蘋果 LOGO，好奇者幾乎都會去網上搜索原因，這就是好奇心讓品牌走得更遠，這就是富有神祕感、好奇心的 LOGO 設計。

圖 3-22　1997—1998 蘋果 LOGO 設計

（5）本地化

就像動畫片《無敵破壞王》在畫面中植入多個中國本地電子商務企業 LOGO 一樣，LOGO 設計還應注意結合當地居民生活習慣、意識、特色等。如圖 3-23 所示為谷歌翻譯 LOGO 設計，左邊為藍底白字，右邊為灰底深色字，左邊英文「G」，右邊中文「文」，強烈的對比讓人明了該 App 主要功能為中英文翻譯軟件，本地化特點明顯。

圖 3-23　Google 翻譯的 LOGO 設計

（6）國際化

不少企業在走向國際化以後，LOGO 也會進行相應調整以適應國際化發

展。如美的 LOGO 舊版是中英文名稱結合。2017 年進行了小幅調整，在保留原來品牌 LOGO 基本不變的前提下加粗了英文字標，並從 LOGO 中移除了「美的」二字。這預示著美的將從傳統家電製造企業向科技集團轉型，以此推進其國際化的品牌戰略進程（圖 3-24）。

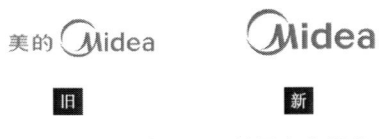

圖 3-24　美的 LOGO 的國際化變化

（7）色彩搭配合宜

ofo 的 LOGO 設計不足之處為「ofo」顏色較淡，因此 ofo 在進行展示或者進行手機圖標設計時，常採用黑底+黃字或者黃底+黑字，這樣顏色對比明顯，形象更加鮮明和生動（圖 3-25）。

圖 3-25　ofo 手機圖標顏色對比案例

3. 學生 LOGO 設計作品案例

（1）「未來 GO」項目教育領域 LOGO 設計

「未來 GO」是集大學生技能培訓、兼職、人才挖掘等全方位的綜合型人才培養平臺。其 LOGO 如圖 3-26 所示，為中文名稱+圖標設計。雄鷹展翅飛翔的形象投影在挺拔的山峰，預示著學生通過在本平臺的鍛煉，身負技能，敢於在職場拼搏奮鬥。

圖 3-26　「未來 GO」項目 LOGO 設計

（2）「五粒米」項目 LOGO 關聯性案例

圖 3-27 所代表 LOGO，為學生團隊「五粒米」LOGO 設計作品。該 LOGO

設計包含項目名稱和圖形大米，展示了該項目與五常大米極其相關，關聯性極強。「五粒米」其中的「五」字寓意為儒家孟子提出的「五常」即仁、義、禮、智、信，也代表著「五粒米」的五種品質，「粒」字也為計量單位，表達出粒粒皆辛苦的節約精神。「粒」也諧音為「厘」，即五厘米，寓意團隊希望拉近與消費者的服務距離。

圖 3-27　「五粒米」項目 LOGO

4. LOGO 設計相關工具

製作生成 LOGO 的設計工具很多，常見的有：免費在線 LOGO 生成網站，如 U 鈣網、標誌在線；電腦軟件，如 Photoshop、Visual；手機軟件，如 Snapseed 等。

(三) 產品和服務

產品和服務是團隊、項目、公司等為用戶提供的服務功能或實際產品，包括提供的在線產品和服務、線下產品和服務兩大類，在撰寫策劃書時建議畫出產品和服務結構圖，使評委和投資方對項目有一個基本的瞭解。產品和服務結構圖大致如圖 3-28 所示。

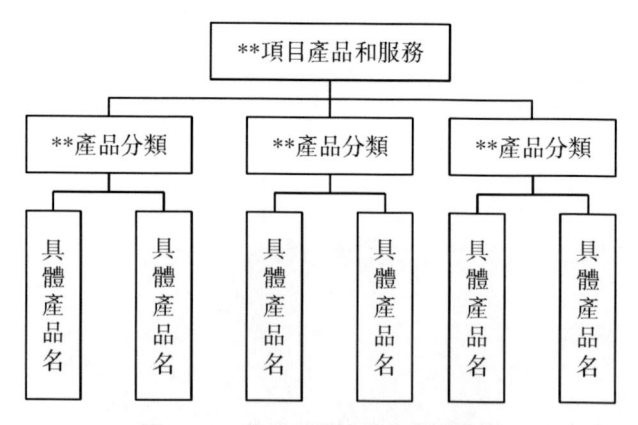

圖 3-28　產品和服務基本結構模板

如「螢火蟲社群」項目將產品和服務主要分為需求主宰、熱門推薦及幫扶、福利圈、人脈圈、創業、微商城、校內時事七部分（圖3-29）。

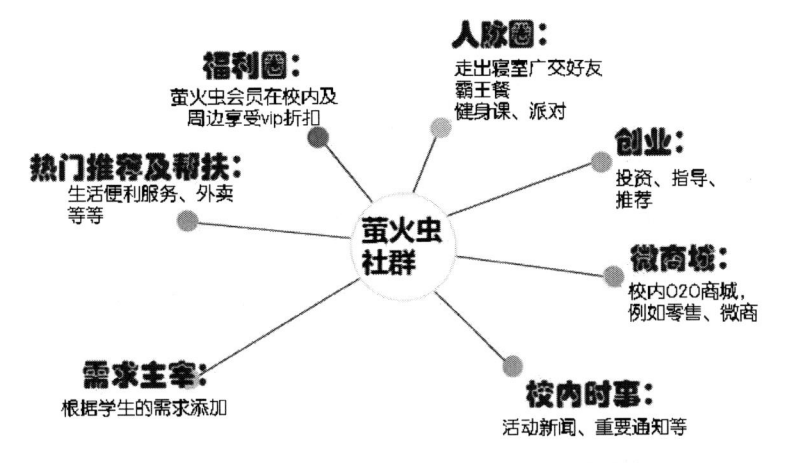

圖3-29　「螢火社群蟲」項目產品和服務結構圖

(四) 項目盈利點

項目盈利點關乎項目後期營運能否盈利，關乎能否吸引投資方。本小節內容只需一段文字描述即可。首先確認所屬的盈利模式，如網上目錄盈利模式、數字內容盈利模式、廣告支持盈利模式、服務費用盈利模式、交易費用盈利模式中的部分或是全部盈利模式；如果僅僅是一種盈利模式，需要將盈利點描述清楚。

如「未來GO」項目將第一部分《項目概要》裡的盈利模式內容簡要描述為：

> 1. 佣金——對平臺大學生收取勞動報酬提成
> 2. 仲介費——向企業收取人才輸送推薦費、人才定向培養費，針對高精尖人才實行高端企業接口輸送收取高額佣金
> 3. 其他擴展費——針對大學生訂制網路購物平臺，從中賺取利潤

(五) 市場分析

市場分析部分主要描述項目所屬整個行業的市場現狀、市場前景、存在的問題、本項目或本公司的優勢、行業突破口、投資效益、市場需求、主要競爭者、主要客戶群、行業大佬等信息。最重要的是突出項目與其他競爭者的不同

之處、優勢、市場前景、投資效益。「未來 GO」項目中市場調查與分析簡要描述修改後如下所示：

> **學生方面**——大學生就業壓力正在逐步增大；學生對職業目標定位模糊。其主要原因一是時間分配不合理，沉迷於其他娛樂方式；二是部分學生用課餘時間參加對提升能力毫無影響的兼職活動，並經常遭遇黑仲介。大學生對既能給予自己足夠自由度，同時也利於培養能力、規劃職業生涯的新式職業能力培養平臺需求度極高。
>
> **企業方面**——大部分的企業如服務業、餐飲業、房地產行業等存在某一時期短期內高校人才短缺卻常找不到人才的現象。若通過人才仲介尋找則無法對人才進行統一管理。對此，企業需要尋找能與高校人才對接的橋樑平臺。

（六）營運與行銷策略

推廣策略除了傳統線下策略以外，還有線上策略。線上推廣策略有搜索引擎推廣、電子郵件推廣、資源合作推廣、信息發布推廣、病毒行銷、快捷網址推廣、網路廣告推廣、視頻推廣等，線下推廣策略有會展活動、海報推廣、冠名活動、買贈活動等方式。

營運策略是對營運過程的計劃、組織、實施和控制的方法和方案，是與產品生產和服務提供密切相關的各項管理工作的總稱。從另一個角度來講，營運管理也可以指對生產以及公司主要產品和服務的系統進行設計、運行、評價和改進的管理工作。在寫策劃書時，營運策略一般是根據生命週期不同階段來寫。

營運與推廣行銷策略建議分「營運策略」和「行銷策略」兩部分來寫。如下所示為「精選限量美食」項目的行銷策略簡要描述案例：

> 行銷策略分為線上行銷與線下行銷。
>
> 線上推廣主要為：口碑相傳、利用各種新媒體進行推廣、線上優惠與抽獎活動、與京東合作、與其他公眾號合作互相推廣。
>
> 線下推廣主要為：舉辦線下活動、與實體店合作。
>
> 饑餓行銷：在新產品出現時，會為用戶們提供一個驚喜價並限量發售。根據產品售賣的情況發起預售預訂，從而為品牌樹立起高價值的形象。

「精選限量美食」項目的營運策略簡要描述案例如下所示：

> 精選產品：並不是所有的商戶我們都會合作。對所有產品我們進行嚴格的考察，只有符合國家食品安全和我們的精選宗旨，才會繼續合作。
> 限量發售：在一段時間內我們只會主推一種產品，不會在同一時間段內推出多種產品。在發售量上控制在 200 件。
> 自主品牌打造：發展農村電商，促使大量好的農村產品與精選品牌合作，進入市場。
> 品牌合作：在為品牌進行推廣銷售的同時將其一部分粉絲轉化為精選本身的粉絲，為精選提高品牌知名度。
> 監控和營運產品：從實際中發現產品的不足，對相關功能進行添加、刪除和優化。我們會打開淘寶的渠道，入駐京東自營，與自媒體、網紅等進行進一步的合作，盡可能加大其曝光度。
> 售後服務：完善售後服務，對客戶的反饋和需求及時回復，並會一直跟進和改善直到顧客滿意為止。

（七）財務預算

財務預算部分不是策劃書重點，學校評委一般不看。如果舉辦企業級的比賽，進行財務預算一定要找專業的學生，或者請教會計、財務預算等專業的老師，而不是電子商務相關類專業老師。老師專業不同，擅長的領域就不同。

對此，各位可以參考以下信息發布型網站/項目通用描述版本，並在此基礎上進行修改：

> 在項目/公司創立初期，我們的目標主要是推廣商業模式、吸引用戶訪問並註冊，增加公司及產品品牌知名度，銷售（某產品名稱）產品或服務，並不以贏利為主要目的。隨著業務的發展，項目/公司發展進入增長期以後，將以廣告費、服務費、會員費等作為收入來源。我們對收入做了一個大概的預測，詳情請見「財務分析」章節，通過會計學知識計算得出該項目在（某條件）情況下（某年份）年能實現盈利。

（八）項目創新點

項目創新點是在參加電子商務三創賽、「互聯網+」比賽等創新類比賽時評委非常看重的。各位同學可以先討論出你們的創新點，然後諮詢指導老師。項目創新點一般是從技術、產品和服務、行銷策略、營運模式、盈利來源等方

面提取。

項目創新點的描述注意應精簡，**提煉關鍵詞**，然後對提煉的關鍵詞進行簡要描述，每一個創新點都「**單獨一段**」，創新點的關鍵詞要「**加粗**」，一般不超過3點。基本模板如：

1. **某創新點關鍵詞 1**。對創新點的簡要描述，字數控制在 80 字左右。
2. **某創新點關鍵詞 2**。對創新點的簡要描述，字數控制在 80 字左右。
3. **某創新點關鍵詞 3**。對創新點的簡要描述，字數控制在 80 字左右。

如國家創新創業訓練計劃項目「寵寶 App」項目對創新點的描述為：

> 「寵寶 App」除了提供寵物實體店所提供的例如美容、衛生醫療等常規寵物服務外，還提供3項創新服務：寵物婚禮策劃、遛寵服務、寵物監管。
>
> **1. 寵物婚禮策劃**
>
> 客戶可以在本平臺發布需求，提出婚禮策劃的需求，我方邀請客戶及其愛寵到線下實體店對策劃方案細節進行交流，根據客戶需求改進策劃方案，挑選婚禮場所，安排具體事宜。
>
> **2. 遛寵服務**
>
> 客戶通過線上提出遛寵需求、時間、服務細節，平臺用戶可在提供選項中看到此需求信息，然後服務提供者與服務需求者可自行聯繫，服務提供者上門帶走寵物，平臺可根據路程的遠近對需求方收取路程費用，二者由此產生的交易費用均在平臺上收取，而平臺對此收取一定的平臺費用。
>
> **3. 寵物監管**
>
> 客戶通過在平臺上購買寵物監管專用視頻攝像頭後，根據安裝說明自行在需要監控的地方安裝攝像頭，打開平臺便可以在專門的區域看到寵物的動態，也可通過麥克風遠程與寵物進行互動。同時我們也提供寵物項圈，項圈裝有 GPS 定位以及基於 RFID 技術的二維碼或條形碼，裡面有寵物的詳細信息以及寵物主人的聯繫方式等，可預防寵物丟失，也可在丟失後找回寵物。

從上面的案例可以看出，創新點前面都提煉了關鍵詞，提煉關鍵詞是項目創新點的精華濃縮，評委或投資方直接從關鍵詞即能明白，因此關鍵詞提煉非常重要。創新點的提煉，可以從具有創新性的電子商務模式、產品和服務、行銷與推廣策略、盈利點、加盟模式、投資人投資模式、應用技術、功能、特點、客戶群、渠道等進行選擇。

對項目創新點的關鍵詞提煉案例如表 3-3 所示：

表 3-3　　電子商務項目創新點關鍵詞提煉案例

項目名稱	創新點關鍵詞	提煉關鍵詞渠道
寵寶 App	寵物婚禮策劃、遛寵服務、寵物監管	產品和服務——服務
螢火蟲社群	霸王餐活動、單身派對	產品和服務、行銷策略
精選限量美食	打造「農村+電商（自營產品）」美食品牌、限量發售	提供服務——服務營運策略

二、公司描述

這一部分的內容寫法各位可以參考管理學書籍，裡面有更為詳細的介紹。本部分展示了創新創意策劃書撰寫時涉及的知識點與公司描述注意事項。

（一）公司簡介

公司簡介與項目描述有異曲同工之妙。公司簡介主要包括以下內容：

(1) 公司或品牌名稱：取這個名稱的原因、寓意。如拜騰品牌英文名稱 Byton 的解釋：Byton 是「Byte on wheels」的簡寫，「byte」是字節，代表互聯網，「wheel」代表傳統汽車；Byton 意味著這兩個世界的融合，旨在突出其「新一代智能終端」的產品定位。「拜騰」與 Byton 諧音，「騰」字還有「騰飛」「向上」的含義。

(2) 公司概況：包括註冊時間、註冊資本、公司性質、技術力量、規模、員工等。

(3) 公司發展狀況：公司的發展速度、已取得的成績、已獲榮譽稱號等。

(4) 公司文化：包括公司的目標、理念、宗旨、使命、願景、寄語等。

(5) 公司主要產品：包括實體產品、主要服務、銷量榜排行前 10 位產品等。

(6) 銷售業績及網路：銷售量、各地銷售點、產品銷量排行榜等。

(7) 售後服務：主要是公司售後服務的承諾。

(8) 相關圖片：公司 LOGO、營業執照圖、大小型企業簽約儀式照片、合同文件、其他相關名人照片等。

如「螢火蟲社群」項目中將公司簡介描述為：

> **重慶螢火之森電子商務有限責任公司**創立於 2015 年 11 月 19 日，註冊資本 10 萬元人民幣。法人代表：**楊令**，註冊地：**渝北**。
>
> 公司以校園社群經濟為商業模式，結合 O2O 線上平臺，為在校大學生提供送餐到宿舍、學校周圍的最新最優惠的商家折扣信息，為在校大學生提供創業平臺等優質的消費服務與體驗，同時對接校外商家到螢火蟲平臺，為大學生提供優質的商品與服務！
>
> （隨後附上了公司 LOGO 設計和營業執照兩張圖。）

（二）公司理念

公司理念代表企業的經營思想、經營方針、經營風格、使命、信念、活力、團隊精神和精神規範等。公司理念不宜過長，但可以對公司理念進行解釋性描述，公司理念部分一定要放在引號裡面。公司理念不僅包括總公司理念，也包括分公司理念、行銷理念、服務理念、技術開發理念等。公司理念可以是一句話，也可以是一些關鍵詞。

公司理念制定的方式主要有目標導向型、團隊凝聚型、開拓創新型、產品質量型、技術開發型、市場行銷型、優質服務型、關鍵詞提取型等方式。

1. 目標導向型理念

目標導向型理念，指的是將其理念規定或描述為企業在經營過程中想要實現的目標和精神境界，可以分為具體目標型和抽象目標型。抽象目標型的企業理念較為籠統和概括，而具體目標型包含具體產品、服務等，更為細化。目標導向型理念案例如：

- 豐田公司「以生產大眾喜愛的汽車為目標」；
- 日產公司「創造人與汽車的明天」；
- 美國杜邦「為了更好地生活，製造更好的產品」。

2. 團結凝聚型理念

團結凝聚型理念，指的是企業將團結奮鬥作為企業理念的內涵，以特定的語言表達團結凝聚的經營作風。團結凝聚型理念案例如：

- 美國塔爾班航空公司「親如一家」；
- 上海大眾汽車有限公司「十年創業，十年樹人，十年奉獻」。

3. 開拓創新型理念

開拓創新型理念，指的是企業以拼搏、開拓、創新的團體精神和群體意識來規定和描述企業理念，開拓創新型理念案例如：

- 日本本田公司「用眼、用心去創造」；
- 貝泰公司「不斷去試，不斷去做」；
- 日本住友銀行「保持傳統，更有創新」。

4. 產品質量型理念

產品質量型理念，指的是企業一般用質量第一、注重質量、注重創名牌等含義來規定或描述企業理念。如「為有需求的消費者提供純天然無污染的利川蓴菜」。

5. 技術開發型理念

技術開發型理念，指這種類型的企業以尖端技術的開發意識來代表企業精神，著眼於開發新技術。這種定位與前面開拓創新型較相似，不同之處在於開拓創新型立足於一種整體創新精神，這種創新滲透於企業技術、管理、生產、銷售的方方面面，而技術開發型立足於產品的專業技術開發，內涵要窄得多。技術開發型理念案例如：

- 日本東芝公司的「速度，感度，然後是強壯」；
- 佳能公司的「忘記了技術開發，就不配稱為佳能」。

6. 市場行銷型理念

市場行銷型理念，指的是這種類型的企業強調自己所服務的對象，即顧客的需求，以滿足顧客需求作為自己的經營理念。市場行銷型理念案例如：

- 麥當勞的「顧客永遠是最重要的，服務是無價的，公司是大家的」；
- 施伯樂百貨公司的「價廉物美」。

7. 優質服務型理念

優質服務型理念，指的是這類企業突出為顧客、為社會提供優質服務的意識，以「顧客至上」作為其經營理念的基本含義。這種理念在許多服務性行業如零售業、餐飲業、娛樂業極為普遍。優質服務型理念案例如：

- 螢火蟲社群「做一家為大學生服務的公司」；
- 「融智邦」立足於各高校校園，堅持合作共贏，為學生提供優質高效的保障服務。

8. 關鍵詞提取型理念

關鍵詞提取型理念，指的是從企業的目標、精神、產品質量、計劃、技術、行銷、服務、客戶、成本等方面提取關鍵詞作為公司理念。關鍵詞提取型理念案例如：

- 「精選限量美食」項目立足於品牌的打造，以「小資 文藝 調性 品質 時間 消費 認知」作為公司理念，並堅持「成熟品牌平臺入駐、優勢產品聯合打造、平臺自有媒介渠道、外部合作媒介渠道」經營理念；

- 「未來 GO」人才培養戰略項目理念「興趣 能力 未來 零門檻」。

(三) 公司目標

1. 戰略目標、戰術目標和作業目標

目標根據所涉及的範圍可以分為戰略目標、戰術目標和作業目標。戰略目標可以拆分為戰術目標，為實現戰術目標，則需要將戰術目標進行細分、具體化，即作業目標。

（1）戰略目標

戰略目標是對公司未來所期望達到的狀態的廣義陳述，適用於整個組織。公司目標可以用簡短的文字描述，如以下簡短型的戰略目標描述：

- 打造百年老店；
- 打造世界 500 強；
- 打造巴南高職城最具實力的大學生創業公司、最具影響力的創業交流平臺；
- 為寵物飼養者和寵物提供更便捷、更全面、更為專業的服務。

也可以詳細描述，如「融智邦」項目對公司目標的描述為「擴大用戶人群，由針對本校的應用軟件到逐步發展成為各個高校的通用軟件。融智邦平臺目標是立足校內，面向巴南，輻射重慶所有高校，形成一個既有收益又能提供服務與社交兼備的平臺」。

（2）戰術目標

組織內主要機構或部門期望取得的成果稱為戰術目標，應用於中層管理，是中層管理者為達到組織戰略目標必須從事的工作以及工作結果要求，是戰略目標的具體化。

（3）作業目標

部門、工作團隊、個體所期望的具體成效屬於作業目標，應該精確可衡量化。在撰寫創新創業策劃書時，不同的項目有不同的目標。

2. 其他目標

除此以外，還有區域目標、品牌目標、盈利目標、客戶目標、階段目標、技術目標、行銷與推廣目標、產量目標等等，各個目標之間可以進行自由組合。

（1）區域目標

區域目標即今後企業打算占領市場的區域。區域目標可以按照省級行政區進行劃分，也可以按照片區劃分，甚至可以將本地劃分為多個區域，需要結合所需進行劃分。如「螢火蟲社群項目」中重慶螢火之森電子商務有限公司區域目標定位初始點為學校，再逐漸輻射周邊，定位在重慶。

區域目標這部分內容建議先對區域目標進行一段簡述，然後畫出區域目標結構圖，或者直接以地圖形式標記出來。如果是各個省級行政區，可以網路關鍵詞搜索「地圖上色PPT」，然後下載PPT就可以對各個省級行政區域進行選擇並上色，顏色注意分階段，不同顏色表示不同意義。

（2）品牌目標

品牌目標包括公司品牌目標、產品品牌目標等，需要進行定量化和具體化，如品牌質量水準、市場佔有率、市場影響力、品牌知名度、品牌美譽度等。品牌目標描述如：

- 打造i寵、寵寶衣櫥等多個知名品牌；
- 致力於把質量最好、實物最天然、價格最實惠的五常大米帶給消費者。

（3）盈利/交易額目標

盈利目標主要指的是交易額，此處的交易額目標可以根據時間段劃分描述不同時間段的盈利目標，也可以根據區域不同描述不同區域的盈利目標，或根據產品的不同描述不同類型產品的盈利目標。

如下所示「未來GO」盈利目標描述：

> 「未來GO」項目的目標即交易額目標，其描述為：初期項目用戶覆蓋重慶市巴南區各大高校及企業，項目交易額達到500萬元；中期項目業務實現多元化、全方位的發展，產品服務滲透各個行業，項目用戶覆蓋整個重慶市及周邊地區各大高校及企業，項目交易額達到2,000萬元；後期項目廣開合作領域，項目交易額達到5,000萬元以上，最後實現公司的整體目標，促進公司又好又快發展。

（4）客戶目標

客戶目標主要指的是企業對於發展客戶方面所期望實現的目標。由於企業的客戶可分為個人客戶和企業用戶，因此也將客戶目標劃分為兩部分。客戶目標主要描述內容一部分是註冊用戶數量、用戶價值、用戶學歷、用戶等級、用戶區域等，另一部分是簽約商家、商家品牌知名度等。

（5）階段目標

階段目標是根據時間段將總的大目標劃分為一個個階段性目標，不同時間段實現的目標不同，總體上目標都是由小到大的方向逐漸實現。階段性目標描述模板如「短期目標為一至三年內在某地市場擁有份額，中期目標為三至五年內將產品拓展到全國，長期目標為在營運到五年及以上並在公司實力足夠時上市」。

除了一段文字描述以外，也可以按照時間段劃分並一一描述，模板如下所示，具體時間及內容描述各位可根據自己的項目進行調整。

> （一）初期（1~3年）
>
> 這一階段處於生命週期的導入期，這一階段企業的主要目標通常有：提高產品知曉度，樹立品牌形象；打造口碑；增加無形資產；增加網路用戶註冊量；產量達到 m（單位），銷售收入達到 n 萬元，利潤達到 n 萬元等。
>
> （二）中期（4~6年）
>
> 中期階段企業發展較為成熟，這一階段企業的目標通常為：進一步完善和健全銷售網路；提升註冊用戶價值；增加產品銷量並達到 m 萬元；進一步拓展產品線，實行多元化經營戰略；增大市場佔有率，達到 n%。
>
> （三）長期（5~10年）
>
> 長期階段企業需要考慮創新，研發相關的新產品，實現產品多元化經營，向外拓展市場區域範圍，增加客戶類型，進一步擴大市場佔有率。

（6）多種目標

在目標描述中，並不僅僅是描述一種目標，通常是多種目標結合起來進行描述，如行銷目標、銷售目標、合作簽約目標、產品研發目標等，這樣也讓評委和投資方對項目整體思路和未來發展思路有一個清晰的瞭解。

3. 有效目標設定

（1）目標設定需要切實可行，不可過高或過低

尤其是申報大學生科技創新項目的時候，若項目目標設置過高，結題比較困難；若目標設置太簡單、太容易實現，申報項目也不容易中，不能對團隊成員起到激勵作用。

（2）基於成員共同願景，有效利用社會資源

項目設置需要基於企業成員的願望和市場競爭的需要，同時需要進行合理性判斷，盡量充分、合理利用社會資源。

（四）目標用戶群定位

目標用戶群體定位如果分類較多，建議先進行一段簡單的文字描述，然後用Visual等軟件畫出來，這樣更加直觀。目標用戶群定位可以按照年齡、職業、職位、學歷、身分、工資收入、有無房產、有無子女、專業、才藝類型、學習成績、有無寵物等進行劃分。

如圖3-30所示，「螢火蟲社群」項目對目標用戶群體定位主要為巴南區學生、老師、高職城周圍商圈等。

由於目標用戶群定位涉及後面的市場需求與調查章節對市場容量的計算，因此此處，我們還需要寫上每一類用戶中我們的潛在用戶數量，或對於企業而言的價值。

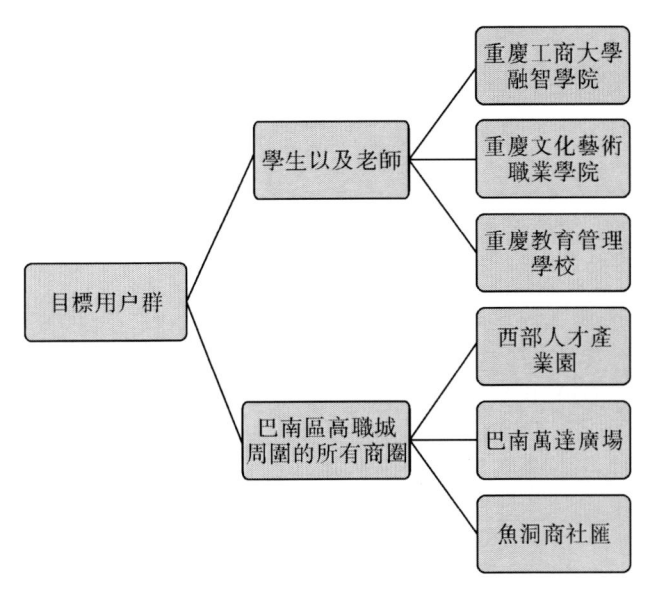

圖 3-30 「螢火蟲社群」項目目標用戶群體定位

(五) 組織結構與人力資源

組織結構與人力資源這節內容涉及知識為公司部門化知識以及常見的組織結構形式，各團隊可以根據自己項目初期及未來發展預期畫出組織結構圖並進行說明。

1. 公司部門化

在組織結構設計過程中，首先要根據組織目標體系，明確為實現組織目標必須開展哪些工作，並將這些工作按方便管理的原則進行部門化。進行部門化需要設計部門職能說明書。其內容主要包括：

（1）部門基本信息。對部門進行定位，明確它在組織中所處的位置，以及部門工作的匯報關係，確定分管上級、下屬部室、同級部門等。描述部門本職工作，闡明部門的宗旨，即部門的目的、要實現的最終目標。

（2）部門職能描述。根據公司現狀及未來的發展戰略，可將部門的職能分為「主要職能」和「一般職能」。

（3）部門主要職責。主要職責是部門宗旨的具體表現，即對完成該部門主要職能後所產生結果的要求。

（4）部門主要權力。合理的職權體系應當做到責、權對等。為完成各項職能，部門應當享有相應的權力。

（5）部門崗位設置。確定部門內的崗位設置與定編方案，主要包括崗位編號、職級、薪金標準、直接上級、直接下屬、晉升崗位、崗位概要、工作描述等。

2. 常見組織結構形式

關於組織結構的詳細設計，各位可以參考管理學書籍。企業組織結構形式多樣，也常處於發展變化之中。但總體上，這些組織結構概括起來，主要有直線制、職能制、直線—職能制、事業部制、模擬分權制、矩陣制、項目組、委員會等常見形式。建議各位在編寫組織結構部分時，設計不同時期的組織結構，如創業初期以項目組為主，之後的組織結構形式則需要根據企業具體需求以及具體經營業務而設計。

學生團隊擬創辦的公司甚至是已經創辦的公司組織結構圖案例如圖 3-31、圖 3-32 所示，這兩個項目均已註冊公司。

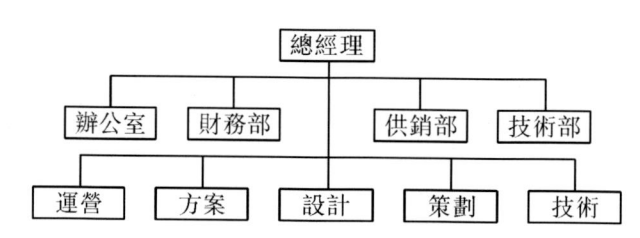

圖 3-31 「精選限量美食」項目組織結構

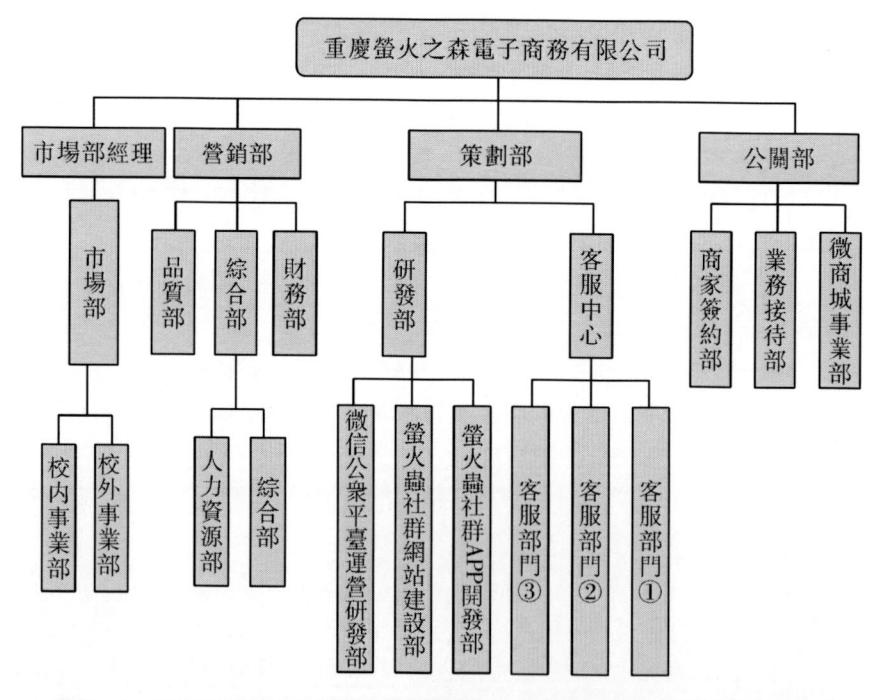

圖 3-32 「螢火蟲社群」項目——重慶螢火之森電子商務有限公司組織結構

（六）創業團隊

創業團隊類似於項目組，是為完成特定任務，將不同背景、技能、專業和經驗的人集中起來的組合。對於創業團隊，最重要的是通過創業團隊的內容描述，證明該創業團隊從資產分配、專業構成、能力構成、工作經驗、創業經歷、分工合作、團隊精神等方面具備營運該項目的能力。創業團隊內容描述基本包括團隊的照片、團隊成員信息介紹。

1. 團隊照片

部分學生隊伍以大頭照、搞怪照、萌照、可愛照等作為參賽照片，除非項目與可愛、萌、搞怪等相關，不建議以此作為團隊照片，因為這只能顯示團隊的稚嫩，無法讓評委信服該團隊具有成熟的辦事能力。團隊照片應該展示大學生團隊的青春與活力、堅韌與毅力，除此以外最重要的，要展示大學生創業團隊的決心和霸氣。

2. 初創團隊信息表或信息圖或者信息內容羅列

將各成員的專業、主要職責、相關工作經歷或兼職經歷、背景、特點、經歷經驗、已獲獎勵、網路開店情況、優勢、項目相關的經驗等概括介紹，重要的內容可以加粗顯示，並在每位成員信息介紹完後附上照片及相關證明圖片。

一般描述模板如下所示：

（六）創業團隊
● 創業團隊文字簡要描述
● 創業團隊合照、團隊專業、技能、經驗等匯總表
1. 某成員姓名
○ 成員照片，相關獎狀、證書、經歷照片；
○ 該成員專業、主要職責、相關工作經歷或兼職經歷、背景、特點、經驗、已獲獎勵、網路開店情況、優勢、項目相關的經驗的文字描述。
2. ……

三、產品與服務

產品和服務是團隊、項目、公司等為用戶提供的服務功能或實際產品，既包括線上產品和服務，也包括線下產品和服務。在寫策劃書中「產品和服務」章節的時候建議通過 PPT 或 Visual 畫出產品和服務結構圖，並通過標題編號、大綱級別設置對產品和服務進行分類，使評委和投資方對項目更加明確。

一是用一段簡單文字描述項目提供的主要產品與服務、功能、提供方式，注意是簡單描述。

二是配備項目提供的產品與服務分類結構圖、App 結構圖或網站內容結構圖等。繪圖時建議用圖形形狀、圖形顏色與灰度、圖形大小、線條的粗細、字體的粗細和大小等強調分類，如圖 3-33、圖 3-34 所示。

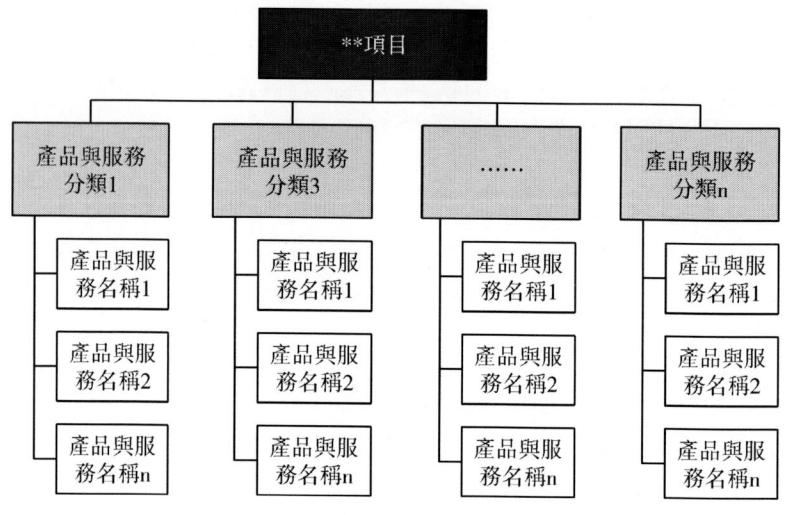

圖 3-33　產品與服務分類結構模板圖

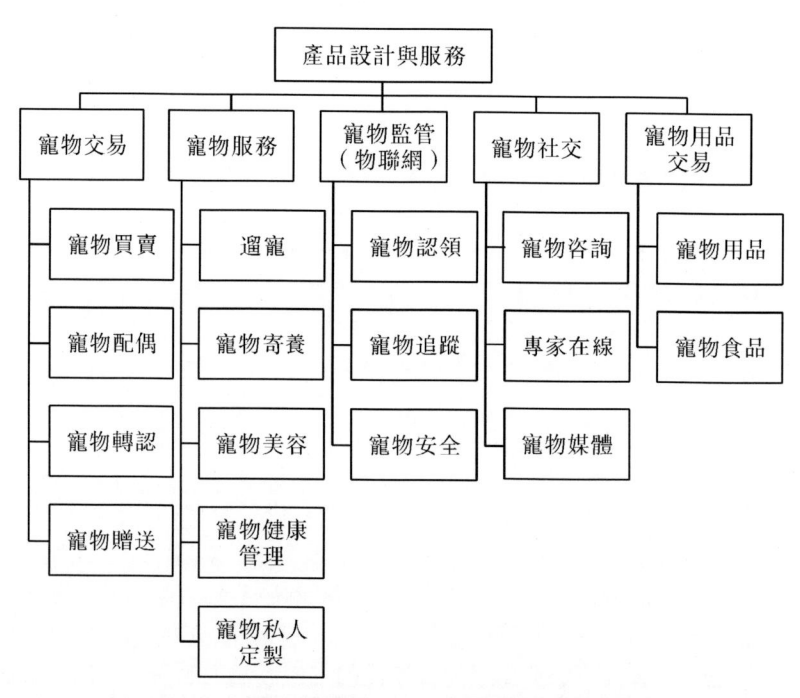

圖 3-34　項目「寵寶 App」產品與服務框架結構

三是用是標題和編號對產品進行分類，再詳細描述，描述的時候注意圖文結合。鑒於本章節是項目重要的章節，同時需要具體項目具體討論，各位可以參考一下最後附上的案例，再結合自己的項目進行思考探討。產品與服務章節內容屬於策劃書的核心章節，撰寫時越詳細越好，建議至少 4 頁。產品和服務章節要以產品分類為二級標題，以具體的產品名稱為三級標題，模板如下所示。

一、具體產品或服務 1 名稱
　　對產品或服務詳細描述。
二、具體產品或服務 2 名稱
　　對產品或服務詳細描述。
三、具體產品或服務 3 名稱
　　對產品或服務詳細描述。

例如「寵寶 App」項目中的產品與服務章節的框架結構同樣也是對產品進行了分類，然後分類命名各級小標題，如下所示。

二、產品與服務
(一) 寵物交易
1. 寵物買賣
2. 寵物配偶
3. 寵物轉讓
(二) 寵物服務
1. 遛寵
2. 寵物寄養
3. 寵物婚禮策劃
4. 寵物美容
5. 寵物健康管理
6. 寵物私人定制
(三) 寵物監管（物聯網）
1. 寵物認領
2. 寵物追蹤
3. 寵物安全
(四) 寵物社交
1. 寵物諮詢
2. 專家在線
3. 養寵人交流平臺
(五) 寵物用品交易
1. 寵物用品
2. 寵物食品

「對產品或服務詳細描述」部分可以寫的內容如：用途、功能、特點、材質、貨源、製作工藝、競爭優勢所在、是否申請及擁有專利權和著作權、是否獲得政府批文和鑒定材料等、產品的收費標準、產品分類、主要客戶、貨源地、生產商、主要收發地、物流費用，以及已銷售數量、成本價、賣價、銷售額、利潤額等信息，內容描述注意圖、表格、文字相結合，制定產品詳情表。

表 3-4　　　　　　　　　產品和服務收費詳情表

產品名稱	產品功能	產品來源	成本	賣價	銷售渠道	其他

四、盈利模式

(一) 網上目錄盈利模式

網上目錄盈利模式起源於郵購模式。在傳統郵購模式當中，商家將部分產品詳情製作成產品目錄手冊，然後將紙質的產品目錄手冊發放到潛在用戶手中，潛在用戶瀏覽手冊中的產品，對感興趣的產品通過郵局填寫感興趣的產品代碼，並將款項通過郵匯方式寄送給商家，商家將產品寄送給用戶。

網上目錄盈利模式與之不同的是，將郵寄的目錄擴展到網路當中，在網站上發布產品詳情信息代替商品目錄上的產品信息，此即成為網上目錄盈利模式。網上目錄盈利模式收入來源主要是銷售費用，即通過實物產品的銷售，獲取產品價格差。如京東商城、亞馬遜、當當網、海爾商城、蘇寧易購、國美商城等。

在網上目錄盈利模式中，建議將不同產品詳細的利潤公式寫在策劃書裡：成本＝固定成本＋可變成本；收入＝價格×銷售量；利潤＝收入－成本

(二) 數字內容盈利模式

數字內容盈利模式是擁有知識產權的分銷商通過電子商務來銷售數字產品如軟件、音樂、視頻、論文、專著等實現盈利，其收入來源主要為訂閱費，當然也包括服務費、會員費、廣告費等。這種電子商務盈利模式的核心競爭能力不在於信息技術，而在於它能提供給用戶高質量、具有知識產權的數字信息內容。如在百度無損音樂、音樂下載需開通白金 VIP，在 CNKI 下載論文、報告等需要繳費或購買知網會員卡。

(三) 廣告支持盈利模式

設置廣告支持的盈利模式的前提是網站註冊用戶數量大或者訪問量高，人氣大的網站有利於吸引廣告商發布廣告。網站或 App 註冊用戶數量大、訪問量高的前提是網站內容能吸引大部分網民前往，因此這一類網站通常是以向網

民提供大量免費或者部分免費的互聯網內容，如即時新聞資訊、音樂視頻、直播等吸引網民眼球，保證網民在網頁駐留盡可能長的時間，從而以適當的形式展示廣告，維持網站營運，因此，廣告支持的盈利模式也稱作「眼球經濟」。例如，網易網站主要提供新聞、世界杯、科技、直播、汽車、地方、公益、娛樂、財經、時尚、房產、健康、旅遊、藝術等新聞資訊。2018年7月14日，通過站長工具查詢，百度根據以往數據對網易首頁預估的流量即為533.84萬，訪問量極高，非常適合設置廣告支持盈利模式。如網易、騰訊、新浪首頁常以旗幟廣告和圖標廣告形式出現的企業廣告便是如此。

（四）服務費用盈利模式

服務費用盈利模式指的是通過為他人有償提供服務而收取費用作為盈利來源的模式。本節內容不僅講授針對服務如何收費，更重要的是這些網路服務各位可以參考學習一下，在「產品與服務」章節裡面寫出你們的項目提供的服務模式。服務費用盈利模式根據項目不同，其收入來源、收費標準也各不相同，如會員服務費、競價排名服務費、在線服務費、線下服務費等模式。

1. 會員服務費模式

會員服務費模式指註冊用戶通過繳納相應費用成為不同等級的會員，網站為會員提供區別於非會員的特權服務，以及為不同等級的會員提供不同的特權服務，從而作為收入來源的一種收費模式。如優酷、愛奇藝等會員制度等在線服務。

2. 競價排名服務費模式

競價排名服務費模式適合於具有多個商家且商品眾多的第三方電子商務網站，如阿里巴巴、淘寶等。當用戶以某關鍵詞搜索產品時，排名靠前的產品自然具有優勢，而靠後的產品則處於劣勢。因此提出了一種收費模式，根據搜索競價的業務，商家用戶首先以某關鍵字詞提出適合價格，最後由競價最高的商家用戶競得，此後，該商家用戶可以在某一段時間內享用此關鍵字詞搜索結果的某一名次排名。採用競價排名服務費模式的前提是所策劃的項目網站內可以入駐多個商家。

3. 在線服務費模式

在線服務費模式，指的是網站為用戶提供形式多樣的在線服務並收取費用作為收入來源。在線服務費用需要根據企業提供的在線服務收取。如信息搜索、網路游戲、在線音樂下載、保密級電子郵箱的使用費用；視頻網站的跳過廣告服務費用；某些應用如伴魚英語App和粵語速成App的在線培訓和指導

費等。又如 PPT 的精修費、視頻製作費、電腦數據恢復費、圖片轉手繪費用、淘寶賣家版的赤兔商品引流費用、App 建設費用、LOGO 設計費用等。

這裡，我們以「豬八戒」的信息置頂、信息隱藏服務費用為例加以說明。

拿「隱藏投標」來說，「豬八戒」網站在威客提交任務稿件的時候提供了隱藏稿件的服務，如此其他威客無法查看稿件，確保了稿件的著作權和保密性，即只有任務發布方才能看到稿件。隱藏稿件服務收費方式有包月不限次、按次數收費、加入簽約服務商享更多特權。不常投標的威客一般採用按次數收費，每次 1 元；常投標的威客則可以採取包月、包年等。如圖 3-35 所示。

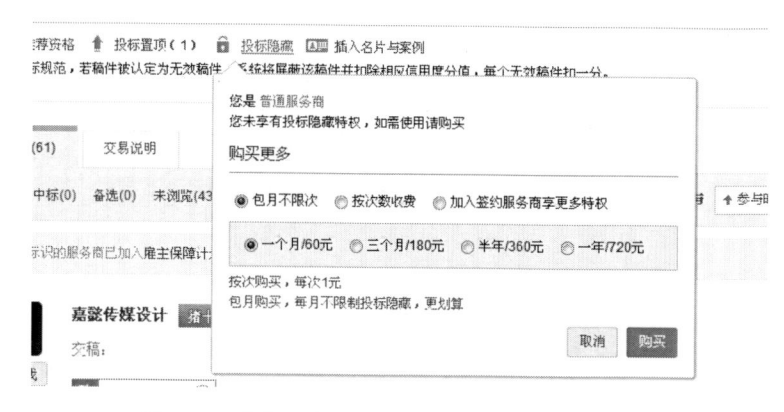

圖 3-35 「豬八戒」向威客收取的投標隱藏服務費

又如「投標置頂」，威客們提交稿件的時間不同，排名不同，導致任務發布方在查看稿件的順序也不同。由於存在任務發布方已經對前面的某一個或者幾個稿件滿意，直接選稿，影響後面交稿的威客們獲得中標的機會。因此「豬八戒」又提供了投標置頂的服務，同樣採取包月、按次數、加入簽約服務商享受更多特權等方式。

4. 線下服務費模式

線下服務費模式，指的是企業為用戶提供形式多樣的線下服務並收取費用作為收入來源。線下服務費用需要根據企業提供的在線服務收取。這個費用類型也非常多，如廚師上門炒菜費用、美容美髮費用、旅遊跟拍服務費用、醫療牙科費用、跑腿代購費用、家電維修費用、搬家費等均是線下服務費。

（五）交易費用盈利模式

交易費用盈利模式又稱為佣金模式，一般指的是第三方網站為交易的雙方提供一個交易平臺，並從中收取佣金作為盈利來源。交易費用盈利模式主要應

用在拍賣仲介、旅行社、汽車銷售、服務業、工作介紹等領域。如抖音電商工具箱裡的商品櫥窗，當有網友通過抖音視頻作者分享的商品連結購買產品，該抖音視頻作者即可獲得由使用了淘寶行銷聯盟的賣家給予的佣金。又如，在環球捕手 App 上，用戶通過捕手分享的連結或二維碼購買產品，捕手即可獲得由平臺發放的佣金。

「豬八戒」在發展之初即採用交易費用盈利模式。在威客比稿類需求設置中標後，網站即收取 20% 的佣金作為平臺服務費，若之後發生交易糾紛或雙方協商涉及退款的舉報，平臺服務費不予退還。「豬八戒」營運模式如圖 3-36 所示，需求發布方商家的資金流向如圖 3-37 所示。當然在 2015 年「豬八戒」逐漸取消了這一種盈利模式。

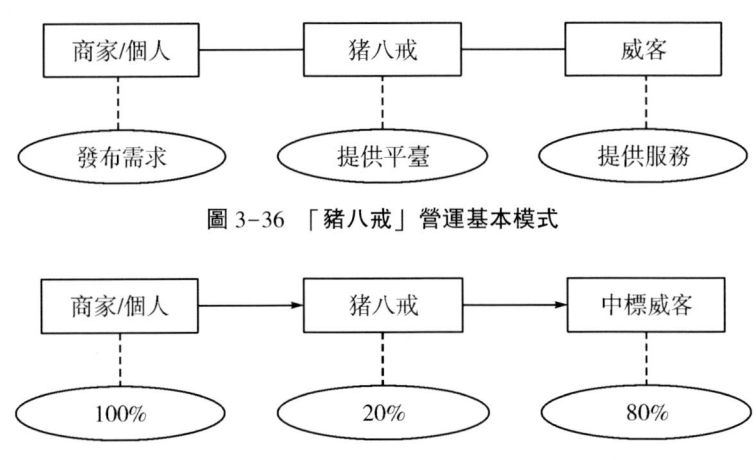

圖 3-36 「豬八戒」營運基本模式

圖 3-37 採用交易費用盈利模式的「豬八戒」網站商家資金流向

五、市場調查與分析

前面已經說到，市場調查與分析部分主要描述項目所屬整個行業的市場現狀、市場前景、市場需求、存在問題、本項目或本公司的優勢、行業突破口、投資效益、主要競爭者、主要客戶群、行業大佬等。本部分內容是整個項目的起點，是解決「為什麼做這個項目」「是否值得繼續做這個項目」「投資者是否願意投資這個項目」「怎麼找尋這個項目的突破口」「我們的項目怎麼找尋不同點與突破口」「項目是否可行」此類問題的關鍵。整個項目的運行依據來自本部分。

(一) 行業現狀

現狀內容描述盡量多採集數據，以數據說話更具有說服力。由於各位所選的行業均不同，行業現狀部分的框架結構如下。

1. 某某行業發展概述

(1) 行業發展背景

行業發展背景處的描寫主要以政府導向、學校導向為主，因此可以將政府工作報告，國務院發布的文件、政策，學校發布的政策文件，以及該行業近期發生的大事件等作為行業發展背景。同時，還需要提供相關支撐材料證明，如官網截圖、發文字號等。行業發展背景在描述的時候也可以通過小標題劃分段落進行描述。在電子商務三創賽中用到的行業發展背景基本為「互聯網+行業」(如「互聯網+教育」「互聯網+工業」等) 以及最近的「創新創業」雙創活動，這些都可以寫進策劃書裡面。

(2) 行業發展現狀

描述行業現狀首先需要描述整個行業的發展現狀，這部分內容一般是從已有報告中獲得，圖表結合。如果項目是定位在某一些區域，則建議採用調研方式獲取當地一手數據，掌握該區域的市場狀況、顧客需求、市場機會、競爭對手、行業潮流、分銷渠道、戰略合作夥伴、變化趨勢及市場潛力等情況。

調研方式分為直接調研和間接調研。在直接的方式中各位能用到的有討論組、郵件、專業調查網站、實地調研、訪談等方式。這裡推薦一些可能用到的直接調研網站：問卷星 (適用於國內調查)、ipoll 網 (內含多種語言選擇)、toluna 網 (內含多種語言選擇)、小木蟲 (學術型) 等。

網上直接調研的步驟如下：

①確定網上直接調研目標、調查主題、調查對象、調查規模。

②確定調研方法，設計調查問卷。方法有觀察法、專題討論法、問卷調查法和實驗法。調查問卷一般由卷首語、問題、問題選項或回答方式、編碼、其他組成。問卷最後一定要附上對問卷填寫人的感謝語。

③選擇網上直接調研採用的方式——自己公司網站、其他公司網站。此外，還應注意吸引訪問者參與調查，同時對有關個人隱私的任何信息保密。

④分析調研結果，並盡量剔除不合格的問卷。

⑤撰寫調研報告。

間接調研的方式包括：

①利用搜索引擎，如百度、谷歌、雅虎等。

②利用網上數據庫，如中國知網的中國經濟與社會發展統計數據庫等。

③利用相關網站。比如：艾瑞資訊網，裡面有各個行業方案、研究報告等資料；電子商務及供應鏈系統，如重慶市重點實驗室等；中國站長工具，主要提供網站的各個數據；中國知網；中國電子商務研究中心，提供電子商務最新的新聞；統計數據網站。

2. 行業發展前景

行業發展前景這部分內容根據項目不同輸入關鍵詞即能在網路上搜索查詢到，引用網路內容的時候需要添加設置為網路參考文獻。關於行業發展的描述主要以發展前景好的產業描述為主，往好的方向描述。最終得出結論，該行業屬於以下哪種類型企業：

（1）按照發展前景分為朝陽產業和夕陽產業。朝陽產業是未來發展前景看好的產業；夕陽產業是未來發展前景不樂觀的產業。當然創業項目肯定選朝陽產業。

（2）按照技術的先進程度，可以分為新興產業和傳統行業。新興產業，即採用新興技術進行生產，產品技術含量高的產業；傳統產業，即採用傳統技術進行生產的產業。

（3）按照要素集約度分為：①資本密集型，即需要大量的資本投入的產業，比如鋼鐵、房地產；②技術密集型，即技術含量較高，比如飛機製造；③勞動密集型，即主要依賴勞動力，比如紡織；④知識密集型，即依靠創意設計等智慧投入，比如創意產業；⑤資源密集型，即依賴資源消耗，比如煤炭、木材。

3. 行業發展瓶頸與障礙

行業發展瓶頸與障礙這部分內容則需要實事求是，每一個瓶頸與障礙單列一段進行描述。

4. 解決對策

針對前面描述的行業發展瓶頸與障礙，制定相應的對策及解決措施。說明你們的項目針對的是哪一個瓶頸與障礙，並相應指出對策及解決措施，從而引出你們的項目。

關於行業發展描述的網站有中國產業信息網（http://www.chyxx.com/）等。

(二) 客戶調查及市場容量分析

與至少3個本產品或服務的潛在客戶建立聯繫，準備一份1~2頁的客戶調查大綱。進行訪談式調查，內容包括潛在客戶的數量、他們願意支付的價

錢、產品或服務對於客戶的經濟價值、購買週期、對於購買決策者來說可能導致他們拒絕本產品或服務的可能障礙、你的產品為什麼能夠在你的目標用戶和客戶的應用環境之中起作用等。

通過上述訪談之後，再製作針對整體客戶的市場調查表。由於進行目標客戶群市場定位需要準確而清晰，因此需要瞭解產品所處環境、產品的潛在需求者數量、產品可能的購買者數量、需求數量、產品定價，然後最終估算市場容量。

例如，熒光雪橇產品被使用時所處環境為滑雪場地，那麼需要瞭解滑雪人數、滑雪愛好者人數、可能購買熒光雪橇產品的人數，再用可能購買熒光雪橇產品的人數×產品單價，即得到該產品的市場容量。「螢火蟲社群」對市場容量預測的描述如表 3-5 所示。

表 3-5　　　　　　巴南區高職城入駐各校人數統計

學校	重慶工商大學融智學院	重慶文化藝術職業學院	重慶教育管理學校
人數	7,000	4,000	3,000

我們已經統計過三所學校的總人數，共 14,000 餘人，這個數字已經較為龐大，所以市場容量很大。對於市場預測，前期經過宣傳後將會吸納一部分會員，我們預計人數為三所學校總人數的 10%~20%，即 1,400~2,800 人；中期時繼續進行宣傳，前期有些學生可能對我們的產品服務還處於觀望狀態，並沒有加入我們的會員機制，但經過一輪宣傳以及口碑行銷，會員的人數會進一步擴充，我們預計的人數為三所學校總人數的 20%~50%，即 2,800~7,000 人；後期時體制已經成熟，會員將會大幅度增長，我們預計人數為三所學校的 50%~90%，即 7,000~12,600 人，此時，巴南區高職城市場已經完全成熟，可以進行下一區域的發展。

（三）項目可行性分析

項目可行性可以從資產、人員組成、關鍵技術、產品來源、辦公場地、專家成員、法律法規、社會、組織結構、環境、政策等相關方面分析是否具備條件。

1. 經濟可行性

（1）進行經濟可行性分析，首先需要分析投資成本來源、金額及獲得可能性。投入資本來源有團隊出資、金融機構貸款、參加比賽所獲獎金、申報創新項目獲得扶持資金、資金入股、技術入股、物質入股、天使基金等多種方

式。各位還可以嘗試在天使投資網站上尋找投資人，如紅秀資本、投融界、融諾網、天使灣投創網、天使匯等。

（2）其次需要證明投資與收益的經濟性。為證明項目是具有收益性的，需要通過對項目所需投資金額、項目財政預算以及財務報表的不斷修改和論證，研究開發的成本和效益，判斷系統運行得到的效益是否高於系統開發的成本，以及能否在規定的時間內收回開發的成本。證明過程需要不斷修改和論證，並注意使投入成本控制在可實施範圍內，使一定時間內的虧損控制在可接受範圍內，使投資與收益之比更優。

2. 大學生創業可行性

高校大學生創業具有較強的可行性，國家、各級政府、高校都提供了很多政策支持，如大學生自主創業指導服務、創新人才培養、大學生創業稅收優惠政策、創業擔保貸款和貼息、免除有關行政事業型收費、享受培訓補貼、免費創業服務、取消高校畢業生落戶限制、開設創新創業教育課程、強化創新創業實踐、改革教學制度、完善學籍管理規定等。詳情請看《國務院關於進一步加強就業再就業工作的通知》（國發〔2005〕36號）和《中共中央辦公廳 國務院辦公廳關於引導和鼓勵高校畢業生面向基層就業的意見》（中辦發〔2005〕18號）的有關規定。由於各地政策在此基礎上有些差異，各位同時還需要去各地方政府網站瞭解關於大學生創業的優惠政策。

3. 技術可行性

進行技術可行性分析主要是指分析判斷項目所涉及的一些技術能否在當前技術條件、技術人才、技術環境下實現或經授權得到，或某種新技術能否獲得，並指出技術實現的成本及獲得的經濟可行性。

技術可行性分析主要從項目實施的技術角度合理設計出技術方案，並進行對比和篩選。通過調研項目確定項目的總體目標和詳細目標、範圍，總體的結構和組成，確定技術方案、核心技術和關鍵問題，確定產品的功能與性能。如網站搭建技術可行性分析、App建設可行性分析、服務器軟件維護可行性分析等。

4. 環境可行性

進行環境可行性分析主要指分析項目在政治體制、方針政策、經濟結構、法律道德、宗教民族、婦女兒童及社會穩定性等方面實現的可行性。調查創業所在地的地方政策同樣影響項目的可行性，如「五粒米」項目由於在前期未調查創業所在地的大學生創新創業支持政策，以致項目中的產品貨源——五常大米難以獲取和銷售。

5. 組織可行性

進行組織可行性分析，需要制訂合理的項目實施進度計劃，設計合理的組織機構，選擇經驗豐富的管理人員，組建團結的創業團隊，建立與用戶和商家等的良好協作關係，制訂合適的培訓計劃等，從組織管理方面保證項目順利執行。

（四）項目發展瓶頸與障礙

項目發展瓶頸與障礙需要與前面的行業發展瓶頸與障礙區分開。項目發展瓶頸與障礙這部分內容可有可無，一般大學生項目所遇瓶頸與障礙可以從資金、創業培訓指導等方面描述，同時要把消除這些瓶頸的對策寫出來。

六、競爭分析與風險控制

進行競爭分析與風險控制需要對現有和潛在的競爭者進行分析，尋找本項目的競爭優勢並最終戰勝對手的方法。

（一）競爭背景

競爭背景這裡是指整個行業的競爭態勢，可以圖表形式展示各潛在競爭對手的市場份額。在眾多潛在競爭對手名單當中，確定一個企業作為自己的競爭對手，確定其他對手形成戰略夥伴和盟友的可能性。

（二）競爭對手分析

競爭對手分析這部分內容可以具體的競爭對手名稱作為小標題，並分別對每個競爭對手進行分析，如下所示。

---

1. 競爭對手 A

第一段，可以從以下方面對競爭對手 A 進行分析：**經營情況**，如市場份額、業務增長情況、成本支出情況、收益情況、面臨競爭對手情況、合作商家、銷售數據、競爭對手的業務、融資情況、覆蓋城市範圍；**品牌情況**；**客戶情況**，如註冊用戶、微博粉絲數量、微信公眾號粉絲數量、客戶類型和等級、客戶滿意度；**企業組織與人才情況**，如組織結構、企業人才學歷情況、企業人才年齡情況、企業人才流失率；**網站建設與宣傳口徑方面**，如網站建設與 App 建設、微信公眾號營運、微博營運等；**社會認可情況**，如品牌知名度、品牌認可度、市場美譽度、企業獲獎情況、企業社會價值認可

度；**企業核心技術方面**，如入行門檻高低情況、獲得專利情況等方面描述。

第二段，放置競爭對手 A 的 LOGO。

第三段，分析競爭對手 A 的優勢、不足之處、市場空白。尋找並提出本團隊項目可以上升的空間和抓住的市場機會。

2. 競爭對手 B

同上。

(三) SWOT 分析

通過上述對競爭對手的分析，思考本項目的優勢、劣勢、機會和威脅，進行 SWOT 分析。SWOT 分析的大致框架結構建議為：

SWOT 分析：

(一) 項目優勢

項目優勢詳細描述。

(二) 項目劣勢

項目劣勢詳細描述。

(三) 機會

項目機會詳細描述。

(四) 威脅

項目威脅詳細描述。

然後再畫出 SWOT 分析圖，如圖 3-38 所示：

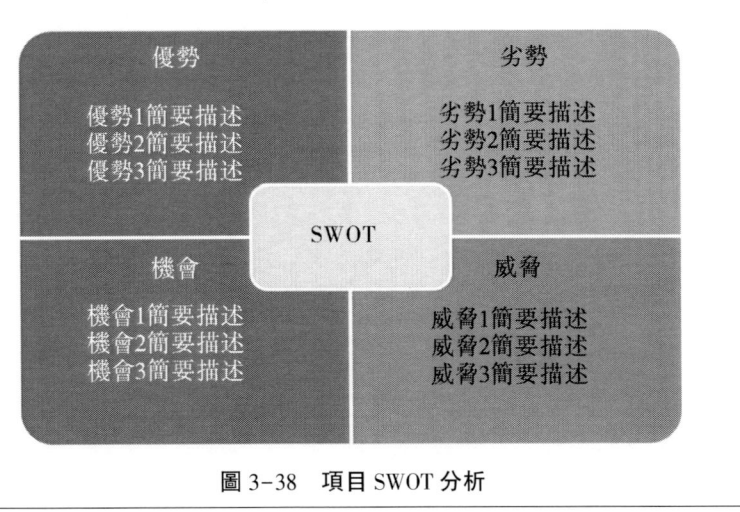

優勢	劣勢
優勢1簡要描述 優勢2簡要描述 優勢3簡要描述	劣勢1簡要描述 劣勢2簡要描述 劣勢3簡要描述
機會	威脅
機會1簡要描述 機會2簡要描述 機會3簡要描述	威脅1簡要描述 威脅2簡要描述 威脅3簡要描述

圖 3-38　項目 SWOT 分析

最後，總結出能與競爭對手進行競爭，或者能有效避開競爭對手的方法和替代產品，尋找合作夥伴，掃清產品或服務進入市場的障礙，開闢競爭空間，並制訂解決方案。

（四） 風險分析

對於剛創業的同學，風險問題可以主要從市場進入難度大、資金不足、經驗不足、缺乏指導等方面來寫；如果涉及核心業務的風險，則建議直接放棄項目。對於創業大學生團隊，風險分析可以從以下方面進行撰寫。當然描寫風險不是目的，化解風險才是最重要的，各位在撰寫風險部分的時候一定要抱著積極的心態應對。

1. 企業剛發展，市場進入難度大

描述「企業剛發展，市場進入難度大」風險，然後提出解決方案。

2. 資金不足，營運困難

描述「資金不足，營運困難」風險，然後提出解決方案。解決方案有許多，有針對校內情況和校外情況以及畢業後情況的不同方案。①在校方案。這包括參賽獲獎、申報創新創業項目基金、申請大學生創業補助基金、參加高校組織的大學生創業公司巡迴展。②校外方案。發起招標書，吸引投資方投資；主動聯繫風投公司；進行互聯網眾籌；大學生創業貸款，國家和各地政府為大學生創業提供了很多支持政策，詳情可以看「可行性分析」裡面的「大學生創業」可行性分析。③作為企業人。可以選擇公司上市，吸引社會閒散資金融資；向銀行貸款；用高工資或者股份轉移留住核心技術人員。

3. 品牌認知度低，行銷與推廣難

描述「品牌認知度低，行銷與推廣難」風險，然後提出解決方案。解決方案可以主要從品牌打造、重視產品質量與產品體驗、行銷與推廣、網站功能完善、售後服務、物流體系等方面描述。如設計獨特而容易記憶的品牌名稱、LOGO、朗朗上口的廣告語、產品包裝與設計、店鋪統一形象等品牌打造方案。構建功能完善的網站、App 或微信小程序，從問題解答、投訴、建議、反饋等方面構建完善、快速、滿意的客戶服務體系，吸引新客戶，重視老客戶。重視產品質量監控，營造良好的客戶購物體驗氛圍。採用精準行銷廣告投放，採用口碑行銷與人際關係行銷等方式提高品牌認知度。

4. 創業團隊成員變動，信心受影響

描述「創業團隊成員變動，信心受影響」風險，然後提出應對措施。創業團隊成員變動的風險是不可避免的，可以從剩餘團隊成員相互鼓勵、招聘新

成員、獎懲機制、制定人事制度、簽訂合同保障團隊成員的穩定等方面盡可能降低風險。

5. 團隊成員技術無法跟上公司發展

描述「團隊成員技術無法跟上公司發展」風險，然後提出應對措施。當然，關於這個問題其實最好在團隊組建的時候就避免，團隊成員要在市場調查與分析、宣傳與推廣、PPT 製作、匯報演講、財務、App 製作、網站建設、UI 設計、產品營運等方面做好分工。但如果問題已經出現，那麼對於容易學習的技術可以花時間自學；對於要求較高並且需要較長時間才能操作的技術比如網站建設、App 製作等，可以找學校相關專業的學生，讓其加入團隊，這同時能夠免去技術費用；也可以選擇外包，讓專業團隊製作，從歷屆電子商務三創賽、「互聯網+」比賽來看，採用外包方式的團隊很多，效果也非常好。

6. 管理風險

高校大學生一般管理意識薄弱，理論多於實踐，創業經驗嚴重不足。因此團隊組長和團隊成員要共同協作，最開始由指導老師安排工作並進行管理；到項目中後期指導老師要放手讓團隊成員自我管理，分工與協作共存，把控好發展路線即可；到離校時期，則需要在創業過程中探索，將理論與實踐相結合，自我提升成為領導者、管理者，並聘請專業管理人才，向大公司學習並逐漸探索出適合本企業發展的管理模式。

創業有風險，但國家為大學生創業提供了很多政策和保障，希望各位把握好機會。

七、行銷與推廣

進行行銷與推廣需要確定具體的策略，制訂針對每個細分市場的行銷計劃，探討如何保持並提高市場佔有率。營運與推廣涉及專業知識。營運與推廣章節推薦的學習網站有：人人都是產品經理（http://www.woshipm.com）、梅花網（http://www.meihua.info）。

（一）行銷推廣體系概述

1. 行銷推廣策略簡介

基於電子商務的行銷推廣已經非常普遍。移動電子商務發展迅速，行銷推廣策略也需要迎新而上，做出改進，因此各團隊所採用的行銷推廣策略也需要緊跟潮流。行銷推廣策略包括搜索引擎行銷、社會化媒體行銷、網路視頻行

銷、網路廣告行銷、軟文行銷、百科推廣、事件行銷、病毒行銷，以及「5P」行銷［Price（價格）、Place（渠道）、Promotion（推廣）、Package（包裝）、Product（產品）］、許可電子郵件行銷、留言推廣、評論推廣、名片推廣等，策略與策略之間並沒有絕對的區分，各策略可以相互包容共同使用。各位要做的是針對各自的項目具體化，將策略方案寫出來。

2. 設計項目總體行銷推廣體系

在行銷與推廣章節內容介紹之前，可以將對整個項目的行銷推廣計劃以「行銷推廣體系圖或表」形式展示出來，並擬定相關的平臺及帳號名稱，基本模板如表 3-6 所示。

表 3-6　　　　　　　　　　　行銷推廣體系模板表

某品牌	網路品牌	企業網站、社會化媒體
	網站推廣	搜索引擎、門戶網站、社會化媒體
	信息發布	企業網站、第三方平臺、社會化媒體
	網路調研	搜索引擎、企業網站、微博、E-mail
	銷售促進	企業網站、關聯網站、社會化媒體
	網路銷售	企業網站、第三方平臺
	客戶關係	E-mail、微博、即時信息
	客戶服務	微博、即時信息

表 3-7 展示了「衣二三」品牌網路行銷推廣體系中的網站推廣、網上銷售部分內容。

表 3-7　　　　　　　　　「衣二三」品牌行銷推廣體系案例

衣二三	網路品牌	「衣二三」時裝月租品牌
	網站推廣	微信公眾號：衣二三；抖音平帳號：衣二三；今日頭條推廣帳號：衣二三；新浪微博推廣帳號：衣二三；百度貼吧推廣帳號：衣二三吧；百度百科詞條：衣二三（App）、衣二三（品牌）；360 百科詞條：衣二三（App）；知乎問答行銷；社會化媒體：虎嗅網、創業邦、騰訊 QQ 看點、優億網、太平洋電腦網；品牌行銷報、騰訊網、什麼值得買、新華網、36 氪等媒體；抖音廣告
	網路銷售	企業網站、第三方銷售平臺：淘寶、微博短視頻、微信公眾號、淘寶店鋪；企業官網：衣二三（https://www.yi23.net/）；微信公眾號：衣二三；微信小程序：衣二三；淘寶店鋪：萬事屋、酒醉桃花庵、衣二三租賃店、清煜資源站等店鋪（銷售月卡、年卡等）

（二）搜索引擎行銷

搜索引擎行銷（Search Engine Marketing，SEM），就是根據用戶使用搜索引擎的方式，利用用戶檢索信息的機會盡可能將行銷信息傳遞給目標用戶。創業學生團隊對搜索引擎行銷可能用得比較少，以下為適用於學生團隊的搜索引擎行銷方式。

1. 百度付費搜索引擎行銷

百度付費搜索引擎行銷是通過付費使信息在搜索引擎上排名靠前，對潛在客戶進行行銷的活動，這種形式的行銷的載體為客戶關鍵字搜索的結果頁面。搜索引擎能夠憑借每天眾多個人用戶的搜索機會、定位服務請求等，為個人客戶提供全系列廣告資源，促進商家產品或網站為更多用戶所知曉、點擊，從而達成交易。

2. 創建百度百科詞條

百度百科是一部內容開放、自由的網路百科全書，旨在打造一個涵蓋所有領域知識、服務所有互聯網用戶的中文知識性百科全書，任何人都可以參與詞條編輯、分享貢獻知識。如果網站、App、公司等已經建立，建議創建百度百科詞條。

第一種方式是創建獨立的百度百科詞條，選擇「企業創建通道」，進入企業創業通道頁面，然後根據引導頁面操作。

第二種方式是在其他百度百科詞條中將項目、App 或公司寫進去。各位在校大學生可以將已經註冊的公司名稱以適當的表達方式加入自己學校的百度百科詞條中，如圖 3-39 所示李小龍將「融智邦」App 加入了重慶工商大學融智學院百度百科詞條當中，使該 App 得到了推廣。

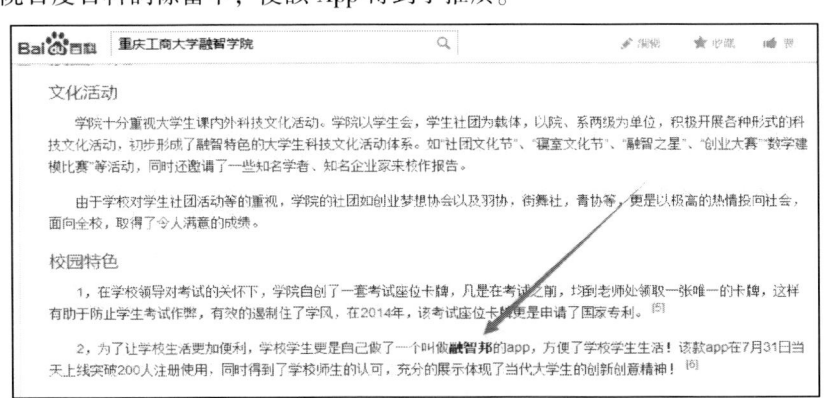

圖 3-39 「融智邦」寫進校園百度百科

3. 百度知道和貼吧等論壇

用戶在輸入相關關鍵詞的時候，出現的項目或公司頁面信息越多越好，因此還可以在百度知道和貼吧中進行推廣。在百度知道中可以詢問與項目或公司相關的信息，然後自問自答，以較為合適的方式進行詳細的回答。還可以創建百度貼吧，或者在相關貼吧裡面發布合適內容的帖子，並進行推廣。

4. 頁面優化

頁面優化包括頁面中網頁標題、描述標籤、域名、關鍵詞優化、黑體及斜體優化、頁面更新、豐富內容、排版優化、正常訪問及訪問權限等。如 head 標題優化：

（1）頁面標題優化

首先是頁面標題 title。頁面標題是包含在 title 標籤中的文字，是頁面優化最重要的內容之一。這個在 HTML 代碼書寫時可以進行修改。下面以本來生活網為例予以說明。

<title>本來生活網–中國家庭的優質食品購買平臺、冷鏈配送、安全檢測、基地直供</title>

當用戶訪問本來生活網的時候頁面標題顯示在瀏覽器窗口的上方，如圖 3-40 所示。

圖 3-40　瀏覽器窗口的本來生活網頁面 head 標題顯示

而當用戶在搜索引擎中搜索本來生活網的時候，頁面標題也會顯示在檢索結果中，是用戶第一眼看到的。如果僅出現本來生活網，用戶可能並不清楚這個網站的業務，所以這個時候標題裡面的關鍵詞就非常重要。在這個標題裡面「中國家庭」「優質食品」「冷鏈物流」「安全監測」「基地直供」已經很好地說明了本來生活網的產品來源、監測技術、冷鏈物流對於食品的安全保障、宅配性質等（圖 3-41）。

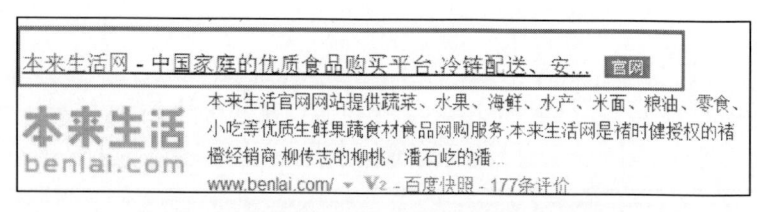

圖 3-41　檢索結果列表中本來生活網的頁面標題

從以上的分析可以看出頁面標題的重要性。在進行頁面優化的時候還需要注意：

第一，保證每一個頁面都有獨立、概括描述頁面主題內容的頁面 head 標題；

第二，網頁標題字數不超過 30 字，不同搜索引擎顯示的標題字數限制不同；

第三，切勿在標題中大量堆砌關鍵詞；

第四，核心關鍵詞要出現在網頁標題最前面。

（2）描述標籤優化

如圖 3-42 中京東官網的描述標籤為「京東 JD. COM-專業的綜合網上購物商城，銷售家電、數碼通訊、電腦、家居百貨、服裝服飾、母嬰、圖書、食品等數萬個品牌優質商品，便捷、誠信的服務，為您提供愉悅的網上……」。

圖 3-42　京東百度搜索頁面

描述標籤應有以下注意事項：

第一，描述標籤內容不宜採用關鍵詞堆砌的方式，且關鍵詞不宜超過 3 個，否則搜索引擎認為該頁面主題不明確，搜索排名會靠後。如下所示的描述標籤為關鍵詞堆砌。

<meta name="keywords" content="海爾,海爾官網,海爾官網首頁,海爾電器,海爾電器官網,海爾集團,海爾集團官網,青島海爾,青島海爾官網,海爾售後,haier,海爾門店,海爾服務,海爾家用產品,海爾個人產品">

第二，描述標籤中的關鍵詞應與正文內容相關。

第三，描述內容應為一段完整的話。

5. 設計百度搜索推廣創意方案

登錄百度推廣頁面（www2.baidu.com），根據項目設計出百度搜索推廣引導頁面，包括基本的推廣計劃、推廣單元、推廣關鍵詞等內容，然後填寫網頁

創意頁面，包括創意標題、描述內容、網頁連結、默認訪問 URL、默認顯示 URL 等內容。

最後將創意預覽截圖（如圖 3-43 所示）放置在策劃書搜索引擎推廣內容裡面。

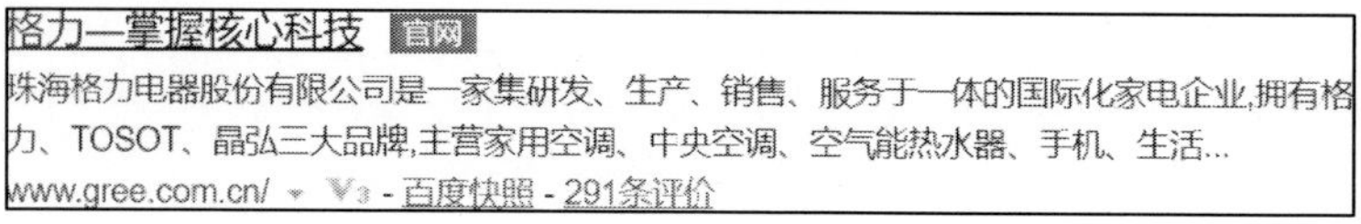

格力—掌握核心科技 官網
珠海格力電器股份有限公司是一家集研發、生產、銷售、服務於一體的國際化家電企業，擁有格力、TOSOT、晶弘三大品牌,主營家用空調、中央空調、空氣能熱水器、手機、生活...
www.gree.com.cn/ ▼ - 百度快照 - 291條評價

圖 3-43　百度搜索推廣創意預覽案例

6. 主動提交收錄網站

如果網站沒有被搜索引擎主動收錄連結，那麼可以自己主動提交給搜索引擎收錄，這屬於技術型搜索引擎，通常只需提交網站的上層目錄即可，不需要提交各個欄目、網頁的網址。另外，當網站被搜索引擎收錄之後，網站內容更新時，搜索引擎也會自行更新有關內容，這與分類目錄是完全不同的。使用這種搜索引擎註冊方法時，到各個搜索引擎提供的「提交網站」頁面中輸入自己的網址並提交即可。

（三）社會化媒體行銷

社會化媒體行銷，指的是運用互聯網人際關係，通過社交網站、微博、空間、朋友圈、百科、知道、博客、論壇等方式傳播，通過口碑效應和人際關係進行行銷。

各位在寫策劃書的時候，應注意這部分內容不要太過理論化，建議將社會化行銷的內容設計出來，並將實踐的真實截圖展示，然後對圖片進行簡要的介紹。

1. 社會化行銷內容與形式

社會化媒體行銷的內容包括兩部分：一是日常內容，如貼近生活、及時有效、八卦娛樂。二是行銷內容，包括想像力、活動、對用戶的益處。社會化行銷形式多樣。比如：展示高層發言，用於表達自己的觀點；基於對外宣傳目的展示的企業新聞；基於用戶體驗的展示形式；基於有限制條件的獎勵形式；節日問候；等等。

2. 社會化行銷渠道內容策劃

社會化媒體渠道有很多，包括即時通信工具類、新媒體類、直播類、視頻

分享、聲音分享、論壇、社交網路、博客、詞條、問答類、消費點評類工具，建議各位都在這些渠道發布行銷內容，並將行銷推廣數據記錄和匯總。

社會化行銷需要注意與用戶之間的交流與溝通，對用戶的訪問、評論及時回復，定時設置話題互動，推動話題在微博當中的熱點關注度和排名提升。如谷歌在新浪微博上發布的「猜畫小歌」互動話題，風趣而幽默。

本節內容框架結構建議如下：

社會化媒體行銷：

1. 微博行銷

微博行銷是指通過微博平臺為商家、個人等創造價值而採取的一種行銷方式。企業的微博行銷需要確定不同的微博帳號名稱和頭像、微博定位關鍵詞、微博的功能與定位、微博行銷體系矩陣圖。

(1) 微博關鍵詞定位

微博關鍵詞定位涉及微博用語、圖片及視頻的風格。如「李子柒」的新浪微博定位關鍵詞為：古典、美食、恬淡、田園生活。又如「小米手機」的新浪微博定位關鍵詞為：青春、洋溢、親切、詼諧。

(2) 微博功能定位

微博的功能定位限制了微博的發布內容。如同樣都是企業官微，但有些微博的定位是承擔媒體的功能（新聞發布會、聲明），措辭風格相對中規中矩，受眾主要是本行業的媒體、競爭對手以及投資者。而有些微博的定位互動平臺的主要定位是組織各種有意思的活動（打折促銷「蓋樓」），維繫品牌忠誠度，提升產品銷量，受眾是消費者。

(3) 微博行銷矩陣圖設計

微博行銷體系包括企業官方微博、企業產品官方微博、企業中高層管理人員個人微博、員工微博、客戶微博、粉絲微博、活動微博等。在微博營運之前，可以將微博營運計劃以矩陣圖形式展示出來。圖3-44為海爾部分微博行銷矩陣圖。

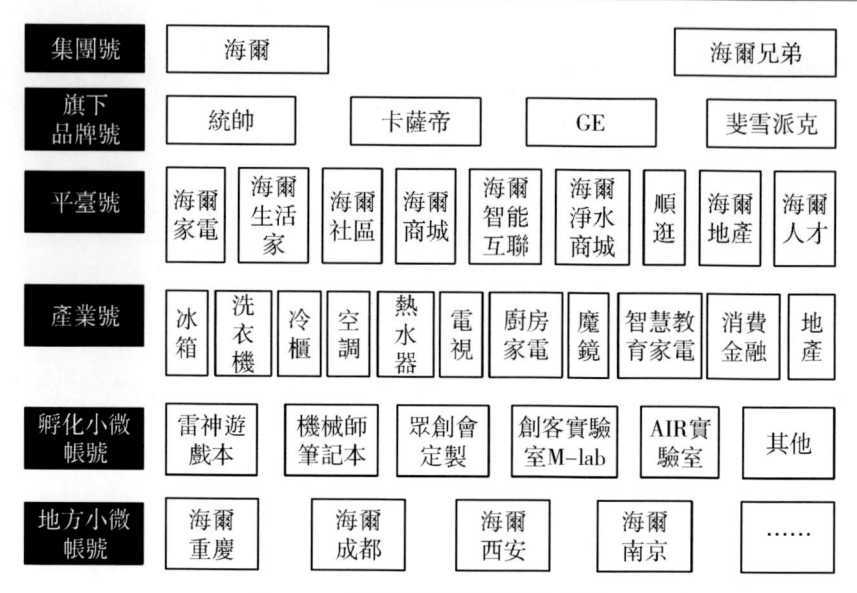

集團號	海爾					海爾兄弟	
旗下品牌號	統帥		卡薩帝		GE		斐雪派克
平臺號	海爾家電	海爾生活家	海爾社區	海爾商城	海爾智能互聯	海爾淨水商城	順逛	海爾地產	海爾人才
產業號	冰箱	洗衣機	冷櫃	空調	熱水器	電視	廚房家電	魔鏡	智慧教育家電	消費金融	地產
孵化小微帳號	雷神遊戲本	機械師筆記本	眾創會定製	創客實驗室M-lab	AIR實驗室	其他
地方小微帳號	海爾重慶	海爾成都	海爾西安	海爾南京	……

圖 3-44　海爾部分微博行銷矩陣圖

2. 問答行銷

　　問答行銷是借助問答社區進行口碑行銷的一種網路行銷方式。通過遵守問答站點的發問或回答規則，巧妙地運用軟文，讓自己的產品、服務植入問答裡面，達到第三方口碑效應。通過問答行銷企業既能與潛在消費者產生互動，又能植入商家廣告。知名的問答行銷社區有：百度知道、SOSO問問、知乎問答、新浪愛問、谷歌問答、搜狐問答等。在問答行銷部分，團隊可以完成以下實踐工作。

　　● 制訂與項目相關的問答行銷方案，包括問答行銷的帳號、帳號的頭像、問答類型、核心關鍵詞、問題、回答內容等。要注意按照用戶搜索習慣提取核心關鍵詞和設計針對性問題；回答方法包括對比回答法、舉例回答法、專業回答法等；注意採用不同帳號回答。

　　● 團隊內採用自問自答的方式，在不同平臺做出至少2個問答頁面，每個問題下面至少有2個以上回答。

　　● 最後，問答行銷方案執行完成後截圖保存，並在策劃書中記錄問答行銷的瀏覽量、點讚量、評論情況等。

3. QQ空間

　　設計行銷文字內容、圖片、視頻等內容；發布；行銷效果圖；行銷數據。

4. 抖音視頻

設計視頻故事情節、文字內容並將其發布在抖音平臺；視頻在最後答辯的時候可能會出彩；截取抖音視頻發布效果圖；截取抖音的商品櫥窗瀏覽及效果圖，記錄項目所在的抖音帳號營運效果。

5. ××社會化行銷效果（表 3-8）

……

表 3-8　　　　　　　社會化媒體行銷效果記錄

社會化媒體行銷渠道	瀏覽量	關注粉絲量	點讚量	轉發量	評論量	購買量
QQ 空間	數據	數據	數據	數據	數據	數據
抖音視頻	數據	數據	數據	數據	數據	數據
××社會化行銷策略	數據	數據	數據	數據	數據	數據

3. 社會化媒體行銷基本內容及策劃書展示內容

社會化媒體行銷可以展示的內容如下：

- 軟文文章分享連結或上傳的行銷視頻連結或視頻；
- 以上內容所發布的社交媒體平臺；
- @ 好友；
- 告知用戶點讚、分享的獎勵；
- 以文字及截圖說明該行銷方式的效果，包括部分行銷營運情況、粉絲量、瀏覽量、點讚量、轉發量、評論量、交易量的截圖證明及文字記錄。

(四) 網路視頻行銷

網路視頻行銷是指製作並在互聯網當中發布以行銷內容為主的視頻，以提高個人、產品、品牌或公司的認知度、認同感等的行銷模式。視頻可以是直播形式，也可以是先錄製再發布的形式。目前主要以 WMV、RM、RMVB、FLV、MOV、MP4 等視頻格式為主。

1. 視頻劇本設計

編寫視頻的劇本，包括：

(1) 封面，包括視頻名稱、編劇、角色及演員、QQ、聯繫方式。

(2) 故事大綱、故事腳本。

(3) 故事內容，包括故事背景、觸發事件、事件發展、事件高潮、事件

結束。

（4）視頻拍攝準備，包括對背景音樂、布景方案、演員造型、道具、服裝、拍攝地點、特效技術等有關視頻拍攝的所有細節部分進行全面的準備。

比如，REMA1000 的視頻製作就包括以下幾大元素：

> **擬行銷產品**：挪威連鎖超市 REMA1000
> **行銷爆點**：當這世界完全變成聲控，其將帶來很多麻煩
> **廣告語**：有時候簡單點，世界會更好
> **創作主題**：生活
> **視頻風格**：詼諧幽默
> **故事背景**：男主角家裡所有設備都是聲控的
> **觸發事件**：今日去看牙醫
> **事件發展**：看完牙醫後牙疼嘴腫，準備聲控開門
> **事件高潮**：男主角以各種方式喊開門，門均無法識別；女主角用鑰匙開門（廣告語出現）
> **事件結束**：淋了一場雨，費了九牛二虎之力才進屋
> **故事結束**：男主角進屋後仍忍著痛進行聲控操作，但仍不聽指揮（廣告語再次出現）

2. 網路視頻行銷策劃書展示內容

對於網路視頻而言，視頻的內容是用戶傳播的關鍵因素。而具備新奇元素、焦點元素、幽默元素、感情元素、勵志元素、非常規元素的視頻最容易得到傳播。網路視頻內容製作好之後，需要將以下內容展示在策劃書中：①視頻發布的產品或企業、故事、視頻主旨、出場人物、廣告語、視頻情感元素等；②視頻播放時所在的 PC 端網頁或移動端網頁中的截圖；③視頻發布網址、發布的平臺；④視頻分享二維碼；⑤視頻播放量、評論量；⑥項目匯報時播放視頻。

（五）網路廣告行銷

網路廣告行銷，是將廣告內容通過網站、電子郵箱或移動終端，利用廣告、橫幅、文本連結、多媒體、移動媒介等方式，刊登、發布或傳遞到互聯網的一種廣告運作方式。網路廣告的類型非常多，以下是各位同學在寫策劃書時可能會用到的網路廣告：橫幅廣告、文字連結廣告、圖標廣告、彈出式廣告、視頻廣告等。

1. 網路廣告類型

(1) 旗幟廣告/橫幅廣告

Banner Ad，又稱旗幟廣告、橫幅廣告或網幅廣告，是指網路媒體在自己網站的頁面中分割出一定大小的一個畫面用來發布廣告，因其像一面旗幟，故稱為旗幟廣告。旗幟廣告又稱為橫幅廣告，是因為有些旗幟廣告就像我們生活中的橫幅一樣，它橫跨於網頁上的矩形公告牌，一般處於網頁較為顯著的位置，當用戶點擊這些橫幅的時候，通常可以連結到廣告主的網頁。

(2) 文字連結廣告

文字連結廣告是以文字連結的廣告。在熱門站點的 Web 頁面設置可以直接訪問的其他站點的連結，通過熱門站點的訪問，吸引一部分瀏覽者點擊連結的站點。文字連結廣告是成本低、製作簡單，對瀏覽者干擾最小，但效果卻很好的網路廣告形式。

(3) 圖標廣告

圖標廣告用於顯示公司或產品的圖標，價格低廉，效果好。

(4) 彈出式廣告

彈出式廣告是瀏覽者在登錄網頁時強制插入一個廣告頁面或彈出式廣告窗口，強迫觀眾觀看。對於彈出式廣告，靜態的和動態的均有，出現沒有任何徵兆，因此肯定會被瀏覽者看到。比如，用戶在看《三生三世十里桃花》電視劇的時候，彈出了三星廣告，由於其毫無徵兆地出現，這保證了用戶能看到該產品的廣告，有一定效果。

2. 網路廣告行銷任務

(1) 網路廣告設計

①確定行銷爆款產品；②選擇網路廣告類型，如旗幟廣告、圖標廣告、彈出式廣告、視頻廣告等；③確定網路廣告發布平臺；④設計網路廣告語；⑤用 PS 軟件或其他工具將廣告方案設計圖製作出來；⑥在策劃書中展示以上行銷文字方案以及廣告方案設計圖。

(2) 品牌或產品宣傳海報設計

設計品牌或產品宣傳海報時，海報內容基本包括行銷對象、廣告主題、廣告語、賣點、聯繫方式、宣傳渠道等。圖 3-45 為「奇市抄搶」項目海報。

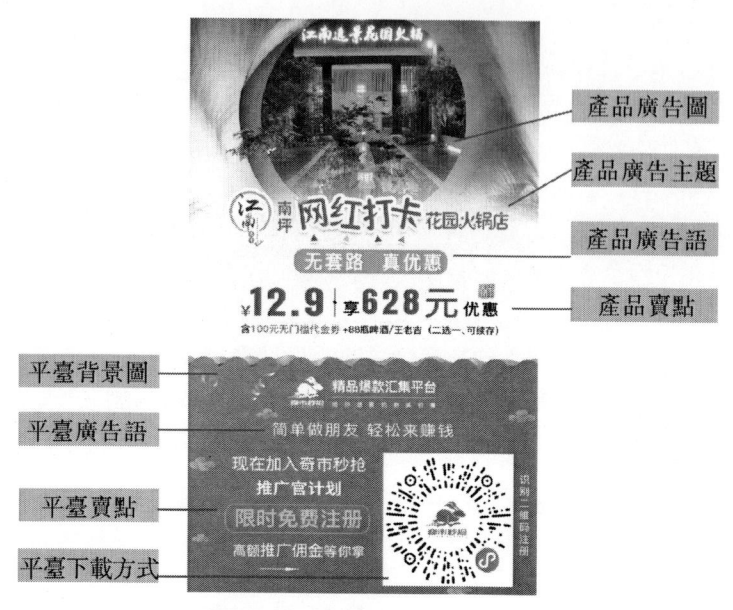

圖 3-45　品牌或產品宣傳海報設計案例——奇市秒搶

（六）軟文行銷

軟文行銷是指通過特定概念訴求，將內容以文章形式展示出來，並以強有力的帶有針對性的心理攻擊迅速實現行銷或傳播的文字模式或口頭傳播方式。如新聞、第三方評論、訪談等。

軟文行銷內容展示有不同風格，如嚴肅型、風趣幽默型、憤怒性、悲傷型等等。軟文行銷基本步驟如下：

1. 選擇一個吸引人的軟文標題

軟文行銷在各大媒體以及社交中展示的時候首先以標題形式展示出來。因此，標題首先得吸引大家的關注，標題影響著點擊率。總體上標題要具有誘惑性，能吸引用戶；具有引導性，引導用戶點擊；具有誇張性，能激發用戶的好奇心。標題可以直接表述出品牌的功用和優勢、企業的成長情況與優勢，不能太生硬，也不能庸俗化。

標題是一篇文章的點睛之處，影響著一篇文章的點擊率。一個好的標題能夠吸引大量的目光，收穫大量的閱讀量。擬定軟文標題的方法較多。

（1）在文章中多採用各類標點符號

在文章中多採用各類標點符號，如「！」「？」「%」「──」「：」及「」等標點符號，會大大提高關注度和吸引力。如表 3-9 所示，第一個和第二個標題

均採用三段式結構，主要包括疑問、震驚、原因和措施，因此配合標題分別採用了問號和感嘆號。第三個標題強調京東「最急需」的人才，強調對人才而言的「金飯碗」，因此採用了雙引號和感嘆號。

表 3-9　　　　　　　　採用標點符號的標題案例

空調肺炎誰的鍋？竟比馬桶還臟五十倍，你家空調真該洗了！	？和！
以為你家飲水機很乾淨？半年未洗，拆開才知竟然與蟑螂等共飲一桶水！	？和！
劉強東「最急需」的 5 類人才，沒畢業就簽約，「金飯碗」誰會贏！	「」和！

（2）在標題中使用描述類詞語或成語

在標題中使用描述類詞語或成語，如「全身發麻」「雞皮疙瘩」「痛哭流涕」「暗暗稱奇」「有苦難言」「恨鐵不成鋼」「萬萬沒想到」等。案例如表 3-10 所示。

表 3-10　　　　　　　使用描述類詞語的標題案例

工程師有苦難言：廁所臭氣熏天跟我真沒關係，只因這裡沒封好	臭氣熏天
京東小哥送快遞因救人失去生命，劉強東的做法讓人萬萬沒有想到	萬萬沒想到
用一家 50 平方米的小店打敗電商！馬雲讓這個「舊行業」煥發生機	煥發生機
12 歲少女患上空調肺炎，醫生結論讓父母痛哭流涕，家長們長點心吧	痛哭流涕
拆開熱水器一看，全身發麻！這些年用的洗澡水，竟有這麼多污泥	全身發麻

（3）反問句、疑問句等句式

反問句、疑問句等句式標題建議劃分為三部分，採用三段式的格式：第一部分提出問題，第二部分表示驚奇，第三部分表示解決方法。這方法適用於學習方法類的文章。在反問句、疑問句這一類句式當中，「究竟」「原來」「竟然」「終於」「恍然大悟」等詞彙的運用能加強標題的語氣效果。案例如表 3-11 所示。

表 3-11　　　　　　　採用反問、疑問等句式的標題案例

求職攻略，如何讓公司搶著給你 offer？京東人事部經理來我校分享！	疑問
讓蘋果、三星、華為拼搶的可折疊手機，究竟有什麼魔力？	疑問
以為你家飲水機很乾淨？半年未洗，拆開才知竟然與蟑螂等共飲一桶水！	反問
滾筒？波輪？洗衣機到底該買哪種，我家換了 3 個終於明白了	疑問
冰箱有異味，婆婆究竟放了什麼東西？一年四季都不臭	疑問

（4）以第一人稱或第三人稱角度擬標題

以第一人稱或站在客戶的角度擬寫標題，更能讓讀者有故事和新聞內容的引領感，且更容易相信文章的真實性，能產生強烈的信服感。案例如表 3-12 所示。

表 3-12　　　　　以第一人稱或第三人稱角度擬標題案例

婆婆：真不是我多管閒事，這五個家電千萬別買貴的，純屬浪費錢	婆婆
同丈夫回鄉建樓，貪一時新鮮裝了太陽能熱水器，這次我家真買錯了	媳婦
滾筒？波輪？洗衣機到底該買哪種，我家換了 3 個終於明白了	第一人稱

（5）使用網路熱詞

在標題中使用時下流行的網路熱詞，如「吃土」「讀書少，不要騙我」「送你一首涼涼」「確認過眼神，遇到對的人」等，讓文章接地氣、有親切感。案例如表 3-13 所示。

表 3-13　　　　　使用網路熱詞的標題案例

別大喊「藍瘦香菇」了！吃貨必備養生壺大盤點	藍瘦香菇
送××一首涼涼，××笑得合不攏嘴	涼涼
別讓貧窮限制了你的想像，這些馬桶疏通的方法太絕啦	貧窮限制了想像

（6）加入專業性強的行業專家

在標題前加一個專業性強的行業、職業、專家等點綴，如某某日報，某某衛視，某某企業，某某企業員工、某某專家，清華北大某某學者，各種高大上的點綴，能讓整篇文章在專業性上得到提升，也較容易吸引讀者的目光。案例如表 3-14 所示。

表 3-14　　　　　使用專業性強的行業或職業的標題案例

人民日報支著兒：空調久了不制冷？學會這招立馬頂用，快給家人收藏	人民日報
空調老舊不制冷？別擔心，中央一臺來教你，不用加氟瞬間馬力十足	中央一臺
醫生直呼：空調病成夏季主要疾病，你家空調真該洗了	醫生
海爾員工直言：冰箱不是萬能收納盒，這些東西千萬不要放	海爾員工

（7）借助名人效應

在標題的命名中可以依據名人效應心理設置標題，在標題中出現名人、企業大佬，更容易提高文章的點擊率。

（8）將關注點等作為標題

將矛盾點、衝突點、用戶痛點、用戶關注點、轉折點放入標題中，可製造輿論話題，增加標題點擊量。而且採取這類標題的效果比較好，案例如表3-15所示。

表 3-15　　　　將關注點等作為標題的案例

中國製造不好？美國網友回答：那是你沒錢，買不起好的中國貨	衝突點
沃爾瑪杠上支付寶，馬雲：上一個這麼做的是大潤發，現在他是我的	矛盾點
央視報導：空調久了不制冷？別被黑心師傅騙了，只需一招立馬頂用	痛點
12歲少女患上空調肺炎，醫生結論讓父母痛哭流涕，家長們長點心吧	心痛點
孫子三度腸炎住院，固執公公把冰箱當萬能保鮮室，媳婦有苦難言	家庭矛盾點

（9）將「占便宜」點作為標題

給資訊類、妙招類文章的標題起名，要讓瀏覽者能從標題中有「占便宜」的感覺，點擊數、收藏數、轉發數也才高，當然文章內容要與標題一致，不能欺騙用戶。將「占便宜」點作為標題，可以將「說漏嘴」「原來」「竟然」「不小心」「悄悄」等詞彙適當運用，效果更好。案例如表3-16所示。

表 3-16　　　　將「占便宜」點作為標題的案例

電廠師傅說漏嘴：智能電表大勢所趨，這幾招教你一年省下上千元電費
老保姆月薪過萬！直言全靠這十大生活小竅門，學會後你將無所不能
非洲人的生活竅門！揭秘那些貧窮中誕生的絕密技巧，有想學的嗎？
電廠員工說漏嘴！只需十大省電技巧，牢記背熟一年能省上千元電費
水廠員工說漏嘴：只需一個水龍頭起泡器，一年真能省下大半水費

（10）引入直觀數據

部分用戶對數據較為敏感，可以加入直觀數據，同時加入數據也更加容易讓人信服，有理有據。案例如表3-17所示。

表 3-17　　　　引入直觀數據的標題案例

欠下400萬元天價水費，停水後戰鬥民族50輛坦克包圍水廠，要求供水
一對夫婦當年資助馬雲200澳元，如今馬雲這樣回報他們！
如果張子強當年聽李嘉誠的，把10億3,800萬元拿去買李家的股票現在值多少錢？
教學為樂，創新有果 這名融智教師已帶學生隊伍斬獲國家級到校級創新創業成果共41個

（11）適當誇張標題、長標題、用戶需求精準定位標題

首先，標題適當誇張，不能太短也不能太長。如今日頭條規定文章的標題最多為 30 個字，建議按照 30 個字的標準寫滿，越長的標題傳遞的信息越完整。其次，注意標題不是一句話帶過，要用標點符號進行區分，以激發訪問者的閱讀量。最後，標題要找準用戶需求，如「提醒！您有訂單，綁定支付寶即可成交」這個標題，對於賣家而言，有訂單，為了實現交易，綁定支付寶這點事情不再猶豫，這就找準了賣家的需求。誇張、長、用戶需求精準定位等標題案例如表 3-18，兩者對比，明顯右邊的長標題更吸引人點擊。

表 3-18　誇張標題、長標題、用戶需求精確定位標題等案例對比

物流工程學院新進年輕男老師簡介	融智物流工程學院裡的小鮮肉老師秒殺娛樂圈
海底撈董事長講述企業發展成功經驗	海底撈董事長：我做了那麼多親情化舉動，卻「敗給」一個吧臺小姑娘……
重慶淘會場公司的創業故事	「找場地神器」淘會場半年融資 2,000 萬元，又一個前阿里員工的創業故事
空調長年不洗細菌多，引發寶寶鼻炎哮喘	寶寶鼻炎誘發哮喘住院，師傅拆開空調後發現病因，寶媽痛哭流涕
空調長期不清洗容易引起皮膚瘙癢長痘痘等	夏天皮膚長痘、瘙癢？原來出在空調裡的蟎蟲。教你三招除蟎，每天不到 2 角！
為什麼別人的訂單比我多？阿里獨享數據，首次分享！	提醒！您有訂單，綁定支付寶即可成交

（12）單一產品的行銷軟文標題定位一定要簡單明確

單一產品的行銷軟文標題定位一定要簡單明確，讓用戶知道你行銷的產品類型。標題的定位通常有產品定位、功能定位、用戶定位、廣告口號等。如：

軟文《抗初老第一瓶！嬌韻詩黃金雙瓶定格十八歲》，通過其標題得知產品為「嬌韻詩」，功能定位為「抗老」。軟文《每一瓶，都讓重度香氛控徹底淪陷！潘海利根 Penhaligon's【日不落之旅】系列必收藏》，僅通過標題看，因為標題中出現了「香氛」二字，讓不知道該品牌的用戶也能知道行銷產品是「香水」，產品品牌名為「潘海利根」，產品系列系「日不落之旅」，用戶定位為「重度香氛控」，該系列香水的特點是「濃」。

2. 收集所需知識和素材

查詢並收集撰寫軟文所需的素材，如圖片、視頻、故事、專業知識等。對於不理解的專業術語需要查詢清楚，如果給定的信息內容有限，則需要想辦法將信息進行轉化，如將視頻轉化為文字，然後再進行分析。

3. 構思軟文內容

軟文行銷內容一定要結合自己的產品特點和用戶定位，同時一定要做到原創和圖文結合、前後邏輯清晰，內容一定要與標題意思一致。軟文撰寫方法是多看、多寫、多練。

（1）確定行銷對象

確定行銷對象，如某個企業、網站、App、小程序、行銷帳號、產品品牌、某個具體產品、某個人、某個群體或組織、動物、某次活動、某個地方等。

（2）確定軟文情感類型

軟文情感類型包括懸念式、故事式、情感式、恐嚇式、促銷式、新聞式、誘惑式等。

①懸念式軟文：懸念式軟文的核心是提出問題，然後圍繞這個問題自問自答。如《人類可以長生不老?》《牛皮癬，真的可以治愈嗎?》。

②故事式軟文：故事式軟文通過一段完整的故事描述一步步引出產品，使產品的光環效應和神祕性給消費者心理造成強有力的暗示，消費者更容易接受。如《婆媳因冰箱大打出手，師傅直言：真是你錯怪媳婦了》。

③情感式軟文：軟文的情感表達由於信息傳遞量大、針對性強，能與人心靈相通。如《女人，你的名字是天使》《羅一笑，你給我站住》。

④恐嚇式軟文：屬於反情感式訴求，情感訴說美好，恐嚇直擊軟肋。如《高血脂，癱瘓的前兆》《以為你家飲水機很乾淨？半年未洗，拆開才知竟然與蟑螂等共飲一桶水!》。

⑤促銷式軟文：暗示產品供不應求、所剩不多，通過「攀比心理」「影響力效應」勾起人們的購買慾望。如《一天斷貨三次，西單某廠家告急》《3億人都在用的拼多多》。

⑥新聞式軟文：需要結合企業特點，並多與企業溝通，需要中規中矩。如《電子商務教研室與重慶茵特萊企業管理諮詢有限公司進行校企合作交流》《家電維修套路深，誠信調查。啄木鳥家庭維修獲得「誠信職業人」稱號》。

⑦誘惑式軟文：利用實用性、能受益性、占便宜等心理，吸引讀者點擊並尋找相關內容。如《下水道又堵塞了，樓管胖阿姨：跟我學幾招，再不怕頭髮堵塞》《婆婆將撿回來的碎瓦片設計成盆栽，鄰居們見了都搶著要高價買!》。

（3）討論軟文「爆點」

對軟文內產品行銷的創新點和「爆點」進行討論，並將其顯示在標題及內容中。

4. 選擇發布渠道並執行

適合於學生群體的軟文行銷發布渠道有很多，但軟文發布的這些渠道能否延伸到客戶，這是關鍵。因此發布渠道不能僅從學生群體熟知的空間、朋友圈，還得在新聞、財經、博客、娛樂、時尚、汽車、體育、女性、生活等與產品類別、用戶群體定位相關的多個門戶網站進行宣傳，使受眾範圍更廣、更精確。

（1）選擇至少3個公共網路平臺，如微信公眾號、新浪網、搜狐網、今日頭條、一點資訊、搜狐自媒體、企鵝自媒體等，建議文章寫好之後，首發今日頭條、中國財經時報網、中國企業報導、新華月報網、八桂網、中國資本網、TOM網、八桂網、幸福雲陽網、瞄股網、中國微山網、中國創投網等。

（2）確定發布時間，分析用戶覆蓋範圍。

（3）執行發布，同時記錄網址，並用至少3個搜索引擎進行收錄，常見的搜索引擎有百度、360、雅虎、必應、搜狗等。

5. 策劃書記錄內容

如果選定了軟文行銷策略，那麼各團隊策劃書的這部分內容需要展示的包括：

（1）圖文結合的軟文稿件；

（2）發布渠道、發布網址、掃描識讀二維碼；

（3）閱讀數、評論數、通過軟文行銷內連結跳轉到指定頁面的流量；

（4）軟文執行發布一段時間後的在線截圖；

（5）搜索引擎收錄截圖。

6. 文案編輯的工具

軟文或者文案編輯的工具有樂觀編輯器、秀米、微小米、自媒體管家等。

（七）事件行銷

事件行銷（Event Marketing）是指通過策劃、組織和利用具有新聞價值、社會影響力以及名人效應的事件，激發和吸引媒體、社會團體和消費者的興趣與關注，以求提高企業或產品的知名度、美譽度，樹立良好品牌形象，並最終達成產品或服務銷售目的的手段和方式。事件行銷不能超過限度。事件、熱點「來」得快「去」得也快，所以事件行銷一定要「輕、快、爆」地出創意，見

效果。①。

「輕」指的是內容不複雜、媒介風格清爽。不能選擇太複雜、太花哨的創意；媒介最好是選擇線上投放形式。

「快」指的是傳播速度、發力速度要快，選擇一個性價比高的事件行銷，借助一定的話題，使之快速發酵和傳播。

「爆」是指事件行銷的爆點要強而有力。現在的事件行銷爆發的核心路徑普遍都在互聯網的社交媒體上，所以不論是創意設計還是媒介組合，都要圍繞著社交媒體來設計。

事件行銷在「爆」的方面可以借鑑5點。

（1）熱點——借勢行銷。要追求快，切忌猶豫，如大型廣場或場所出現的「快閃」。

（2）爆點——行銷關鍵或符號。每一個事件都需要有識別度高的關鍵詞，如「一雙眼睛毀掉整張臉」「再見紙質火車票」「500斤（1斤＝0.5千克）西瓜給學生免費吃」等話題。

（3）賣點——產品核心。事件行銷的目的是宣傳和推廣產品，只有產品夠新、質量夠好或有其他賣點才能獲得更多關注。

（4）槽點——用戶吐槽與傳播。設計能引發爭議的話題；設計簡單的槽點，人人可以參與。

（5）節點——把握時間點、地點和度。

事件行銷中，團隊可以參考的案例很多。如2017年曾經刷爆朋友圈的漫畫《我們是誰?》，因為其簡單、易於文案「PS」，成為行銷推廣的熱點。又如百雀羚一鏡到底的漫畫視頻廣告、「兩會喊你加入群聊」的H5、抖音「盤他」，這些都引起了一陣行銷推廣模仿潮。

（八）品牌行銷

1. 品牌行銷概述

品牌行銷是通過市場行銷使客戶形成對企業品牌和產品的認知過程。品牌通常表現為文字、標記、符號、圖案、顏色、視頻、人物、吉祥物、寓意等單一要素或者多種要素的組合，是用以識別某個或某類銷售者的產品或服務，並使之與競爭對手的產品或服務區別開來的商業名稱、標誌及特點。

---

① 花花世界的徐微. 如何用輕快爆的方法打造一場事件行銷？［EB/OL］.（2018-02-28）［2018-07-19］. https://www.sohu.com/a/224518477_166384.

2. 品牌行銷元素詳解

（1）顏色

品牌的顏色定位需與品牌帶給用戶的情緒一致，不同顏色、不同動物形象的LOGO品牌可上愛標誌網（www.ibiaozhi.com）並根據顏色或動物等進行搜索。

通常，紅色讓人聯想到新年、紅玫瑰、辣椒、血肉等，因此通常表達喜慶、愛、熱情、火、辣、進攻性等感覺，適用於電商、美食企業。代表品牌如年輕用戶較多的紅色包裝可口可樂、提神功能的紅牛飲料、花瓣網、海底撈、肯德基等。

藍色讓人聯想到天空、大海的沉靜和穩定等，適用於代表蔚藍感的科技公司、網路公司、金融公司等。如品牌公司騰訊、IBM、Twitter、菜鳥、三星、寶潔等。

黃色、橙色在中國讓人聯想到皇室、龍袍、太陽、檸檬、橙子、向日葵、金子、麵包、啤酒、蜜蜂、谷粒等，代表著權力、喜悅、生命力、青春、財富、努力、收穫等感覺。品牌如雪佛蘭、鳳禧珠寶、麥當勞、芬達、尼康Nikon所使用的主色調。

綠色讓人聯想到大自然、植物、橄欖樹，代表青春、純天然、無污染、安全、和平等感覺。代表品牌如360、國家電網、中國郵政、星巴克等。

紫色讓人聯想到紫羅蘭、薰衣草、紫禁城等；更由於封建社會時期王公貴族、西方埃及豔後、羅馬王室等貴族的喜好而讓人聯想到高貴、尊貴等；也由於基督教、天主教等對紫色的使用，紫色又代表著神祕、神聖、慈愛。如品牌西部航空、吉百利、費列羅、富安娜、泰國OA集團旗下跨境電商暹羅喵等。

黑色讓人聯想到黑夜、死亡，代表肅穆、正統、嚴肅、神祕，因此基本上手機產品都具備黑色的款式設計，LOGO設計中黑色使用得較為普遍。如品牌Adidas、零度可口可樂、ROY STUDIO、阿麼等。

粉色讓人聯想到女性、嬰兒、剛出生的動物等，代表愛、甜美、性感、滋養的感覺。代表品牌如唯品會、物生物水杯、UGOCCAM、粉粉日記App、嗶哩嗶哩、芭比女裝等。

棕色讓人聯想到大地、泥土、母親，代表著信賴、腳踏實地、可靠的感覺。如品牌UPS、Camel 駱駝等。

（2）寓意

品牌可以通過顏色，還可以通過品牌名、LOGO、規則等賦予其良好的寓意。

通常採用品牌名的諧音或根據字面意思賦予品牌良好的寓意，並與企業所提供的產品和服務相契合。如德芙巧克力諧音寓意「得福」；加多寶飲料諧音寓意著「家裡多寶多福」；旺旺代表著「財旺、人旺、事業旺、身體旺、大家旺」，其品牌名的祝福含義使其常成為吉祥日子裡的備選禮品。又如 Roseonly，其品牌字面意思「一生只送一人，一生只愛一人」，不僅如此，還制定了買花人註冊的收貨人姓名和身分證信息終身不能更改的規定，這賦予了愛情的忠貞與美好，從而受到用戶的青睞和追捧。

（3）吉祥物

企業吉祥物，是企業為強化自身經營理念，在市場競爭中樹立易於識別的形象，突出所提供的產品和服務以及企業理念、精神、戰略等選擇的有代表性、有個性、親和力強的事物，以動漫人物、卡通形象、擬人化物體等且誇張的形象、吉祥物取名等吸引消費者，並成為企業形象的一種代表符號。

企業吉祥物的設計，需要考慮多種元素，如動物、植物、地理、民俗、服飾、節日、特產、科技、功能、創始人、員工、客戶、區域、經營理念、原材料等，並從中選擇最具有代表性的元素添加到吉祥物設計中。企業吉祥物通常採用的形象有人、動物、植物、其他非生命體及其擬人化形象。

一是根據人物形象或身體部分構成，設計卡通人物、機器人等作為吉祥物。採取這種方式的企業較多，如海爾通過動漫形式展示的吉祥物海爾兄弟、旺旺的大笑小孩、麥當勞叔叔、肯德基爺爺、嗶哩嗶哩站代表年輕群體的吉祥物的 22 娘和 33 娘、以外賣小哥為形象設計的餓了麼吉祥物 Blueblue 等（圖 3-46）。

圖 3-46　根據人物形象設計吉祥物案例

二是根據動物形象，設計卡通動物作為吉祥物。採取這種方式的企業最多，如網易新聞的首席野生內容官羊駝王三三、騰訊的企鵝、天貓的黑貓、京東的狗 Joy、百度的熊 Dudu、三菱的白熊、知乎的北極熊劉看山、搜狐的狐狸、豬八戒的豬、途牛的牛、蘇寧的獅子、國美的老虎、迅雷的蜂鳥、美圖的比心海報 Pinky、三只鬆鼠的鬆鼠、驢媽媽的驢、Serta Mattress 床墊的羊、PG 小費公司的針織猴、杜拉克電池的粉色兔子等。

三是根據植物形象設計吉祥物，常用於園林園藝博覽會、園林設計企業、植物園、綠植品牌等。如第八屆中國（重慶）國際園林博覽會以「芽」為原型，用簡單筆畫刻畫出種子形象作為吉祥物，取名為「山娃」，展示山城形象，重慶人的剛強自立、不屈不撓，以及本次園林博覽會所引發的無限生機和活力。第二屆中國綠化博覽會將鄭州市市樹法桐樹葉做擬人化處理，塑造為天真可愛的孩童形象，寓意由一片嫩葉到翠綠挺拔的大樹的植綠過程，並將「法桐葉」作為吉祥物。南寧園博園通過擬人化的創作手法，分別以南寧市市樹扁桃、南寧市市花朱槿為設計元素設計出吉祥物男孩「桃桃」、女孩「槿槿」，並為他們穿上了壯族服飾。又如2016年中國第十三屆冬季運動會在新疆舉辦，因此本次冬季運動會以新疆特有的珍奇植物雪蓮為創意元素，設計出雪蓮娃娃作為吉祥物，雪蓮花具有傲霜鬥雪、頑強生長的特點，也象徵本次冬季運動會的體育精神（圖3-47）。

圖3-47　根據植物形象設計吉祥物案例

四是將其他非生命體進行擬人化處理，從而成為吉祥物。採取這種方式的企業也較多，如米其林輪胎的輪胎人、淘寶的淘公仔（圖3-48）。

圖3-48　通過非生命體擬人化形象設計吉祥物案例

五是完全虛擬設計，架空實際，設計出地球上沒有的物體作為吉祥物。如淘寶的淘公仔，又如360健康精靈吉祥物安仔繼承了360的綠色，契合「健康」二字，同時其頭頂的兩根觸角則展現其信息化、智能化特點。

設計好企業品牌吉祥物之後，還需賦予其獨特的「人格」，表現為對話、表情、造型、喜好、動作、智慧、互動性、故事等特點。當這些吉祥物能夠通過直接與用戶互動解決用戶面臨的問題，增進與用戶的關係，或加強品牌行銷

與推廣，產生持續效應，這些品牌吉祥物的效應才真正顯現，這些都需要創業團隊精心設計。

（4）品牌故事

品牌故事能突顯品牌的文化及理念。一個好的品牌故事，能加深消費者對品牌文化的認同感，增強品牌市場競爭力。撰寫品牌故事可以從品牌歷史、品牌理念、創始人故事等角度出發，以故事敘述的方法，賦予品牌精神內涵和靈性，幫助具備歷史傳承、獨特文化的品牌完成品牌塑造、升級、發布等不同階段的行銷任務。撰寫品牌故事，有如下要點。

①產品定位「小而精，精而優」。如褚橙只賣橙子，奢瑞小黑裙將企業產品定位為只做小黑裙，物生物只做漂亮杯具等。

②設計差異化的品牌故事，能激發用戶的興趣。其包括四大核心：其一，故事的角色。差異化的故事能讓用戶印象深刻，而通常是其中的人、物、情節、場所等激發用戶的好奇心和滿足感，如褚橙的品牌故事角色為創始人褚時健。其二，故事的懸念。故事的懸念讓人們充滿好奇和期待，為進一步探索而去瞭解品牌，如大學生創造「風箏人」校服品牌。其三，故事的情調。故事的情調代表一種感情的抒發和傳遞，其所傳遞的情調需要與品牌的核心價值一致。如褚橙品牌故事的情調為：積極努力不放棄，積極面對一切困難。又如「放棄公務員去創業養鵝」，故事的情調是：放棄安逸與優越感，創業心情忐忑而複雜。其四，故事的細節。通過故事的細節描述感染用戶，將故事寓意通過細節體現出來。

③塑造品牌故事傳遞的價值。價值分為物質價值和精神層面價值。品牌價值不僅在於能提高消費者的物質生活水準，還在於能提升消費者的精神價值，為消費者傳遞積極的情緒。如由原菸草大王褚時健栽種的褚橙的物質價值為栽培於雲南的冰糖橙，精神價值為勵志、不放棄、積極進取、勇於面對一切。

④通過關鍵詞梳理品牌故事。如褚橙故事的關鍵詞有「褚時健」「菸草大王」「原紅塔集團的董事長」「監獄保外就醫」「75歲創業」「種橙子」「85歲成功」「八旬老人創業」「雲南冰糖橙」「典範和榜樣」「勵志橙」等。

3. 品牌行銷任務

（1）根據興趣愛好，確定產品定位及主要特點，設計尚未註冊的中英文品牌名；

（2）確定品牌總體顏色定位、節日定位、用戶定位等；

（3）設計品牌吉祥物形象；

（4）設計品牌系列圖；

（5）設計產品尚無註冊的網站域名；

（6）設計該品牌的廣告語；

（7）設計網路品牌的 LOGO；

（8）確定擬通過故事傳遞和表達的品牌價值；

（9）確定並分析撰寫品牌故事的四大核心——故事的角色、故事的懸念、故事的情調、故事的細節；

（10）撰寫該產品的完整版品牌故事。

（九）企業 H5 頁面行銷

H5 是一系列製作網頁互動效果的技術集合，即 H5 就是移動端的 Web 頁面。

製作 H5 頁面有一些常用工具，如易企秀、兔展、凡科、MAKA 等，其操作簡單、便於在朋友圈和 QQ 空間等場所進行宣傳展示，聲音、文字、視頻均能進行有效結合。如易企秀，它是一款針對移動互聯網行銷的手機幻燈片、H5 場景應用製作工具，能將原來只能在 PC 端製作和展示的各類複雜行銷方案轉移到便攜和利於展示的手機上，用戶隨時隨地都可根據自己的需要在 PC 端、手機端進行製作和展示，隨時隨地行銷。這些工具網站裡面都提供了免費模板和企業專用模板，能通過圖片及視頻展示滿足企業的招聘需求、進行企業宣傳及企業產品展示等。

（十）心理學行銷

心理學行銷，指的是在瞭解用戶思考和行動方式基礎上，有針對性地設計出的行銷推廣方式。人存在懷舊、同情、同儕壓力、審醜心理、挑戰心理、恐懼心理、慕名心理、迴歸心理、觀戰心理、八卦心理、從眾心理、占便宜心理等多種心理。

1. 慕名心理行銷

慕名心理行銷，又稱名人效應行銷，指的是借助名人出現製造引人注意、擴大影響力效應的行銷。如瑪麗蓮·夢露在 1954 年接受採訪時說的一句話「I wear nothing but a few drops of Chanel No. 5」（我只穿香奈兒五號入睡）奠定了五號香水的不可撼動的地位，也形成了名人效應。

現在這種行銷手段發揮得淋灕盡致。各明星均有眾多粉絲、號召力、影響力大，各商家的產品包裝、廣告設計也主要以明星效應為主，讓明星帶動粉絲購買產品，產生帶貨效應，而各明星除了機場街拍、走秀穿搭、廣告以外，也

偶爾當起美妝博主，為用戶推薦好用的產品。如很多女明星就當起了接地氣的美妝博主，通過視頻直播、軟文、圖片等形式分享好的產品，直接導致推薦的產品斷貨，成為帶貨女星。「帶貨」，就是明星憑藉自身的穿戴和使用，幫助某一產品大幅度提升銷量的能力。自然，帶貨女星就成為提升銷量能力最強的明星。

那麼明星帶貨的效果如何呢？要客明星奢侈品TOP20數據顯示了各明星所帶來的產品宣傳效應，以楊冪為最高。其中要客明星奢侈品帶貨力指數＝0.4×奢侈品牌合作力+0.4×爆款網路銷售力+0.2×爆款網路傳播力。①

2. 懷舊心理行銷

很多人都喜歡懷舊。懷舊心理行銷通過激發用戶回憶，讓用戶回憶過往產生的純真、有趣、溫暖、安全、滿足、美好、愉悅等情感，並將這種情感與產品緊密聯繫起來，使懷舊情感成為行銷的保障。

例如，關於國貨護膚品，網路當中的抱團行銷文章很多，如《盤點那些被老外瘋搶的超牛國貨，平價又好用!》《真人測評10款熱門國貨護膚品，發現效果竟然不輸大牌……》挖掘的就是用戶的懷舊心理。

3. 恐懼心理行銷

恐懼心理行銷，指企業基於用戶對某種事物或事情的恐懼，為減少這種恐懼心理而去尋求任何形式的安慰這種心理有針對性地設計行銷策略以推廣產品。如：

害怕曬黑——有防曬帽、防曬眼鏡、防曬噴霧；

害怕口臭——綠箭口香糖，一箭更清新，讓你我更親近；

害怕開車睡著——有脈動、樂虎給你添加力量；

害怕變老——玉蘭油，讓歲月不在你臉上留下痕跡；

害怕浴室滑到——SensFoot防滑拖鞋；

害怕插座進水——中國的阿爾剛雷科技有限公司設計不怕水插座；

害怕家電維修師傅臨時改價——啄木鳥一口價，讓維修沒有欺騙。

4. 悲情行銷

悲情行銷，指借助某一個負能量事件，以悲情的軟文、圖片、視頻等形式引發人們對企業、產品、公司的同情心，得到公眾情感支持，引導消費者將負

---

① 新浪尚品.首個中國要客明星奢侈品帶貨指數出爐 楊冪鹿晗劉雯奢侈品帶貨前三甲［DB/OL］.（2017-08-08）［2018-08-06］.http://fashion.sina.com.cn/luxury/taste/news/2017-08-08/1451/doc-ifyitamv7178923.shtml.

能量轉化為正能量，從而潛移默化擴大企業和產品影響力，推動品牌深度傳播，促進產品銷售的一種行銷方式。當然悲情行銷不能濫用，需要掌握度，需要借助合適的事件，才可使用。

如圖 3-49 所示，2012 年，加多寶在與廣藥的商標爭奪戰中輸掉了官司，廣藥集團收回鴻道（集團）有限公司的紅色罐裝及紅色瓶裝王老吉涼茶的生產經營權，從那以後兩家企業的競爭便愈演愈烈。加多寶 2013 年開啓悲情行銷。其微博組圖配上四個哭泣的寶寶，圖內配大字「對不起」，看似訴說自己的弱處，讓用戶同情，實則意在提高自己的競爭優勢。

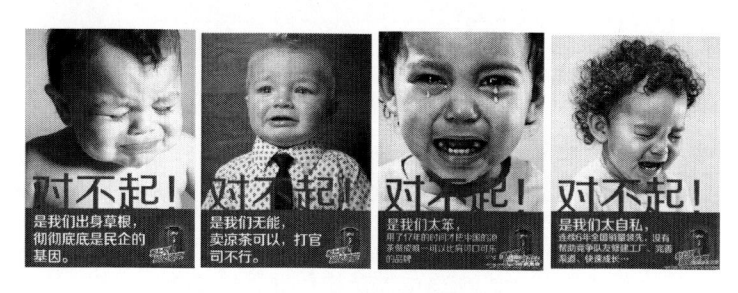

圖 3-49　加多寶悲情行銷

5. 從眾心理行銷

從眾心理（conformity behaviour）事件行銷，指個人受到外界人群行為的影響而在自己的知覺、判斷、認識上表現出符合於公眾輿論或多數人的行為方式，當這種從眾心理極強、從眾數量非常多時，將這種心理聚合成某種事件，進而對企業、產品等進行行銷的方式。從眾心理需要基於有價值的參照物、對偏離群體的恐懼、融於集體的心理因素、群體凝聚力等因素。

比如：汪峰宣布離婚時，撞上王菲和李亞鵬離婚；向章子怡表白卻撞上恒大奪冠；發新歌又撞上吳奇隆和劉詩詩公布戀情；碰上劉愷威和楊冪宣布結婚。娛樂圈連爆喜事，場場氣勢都壓過汪峰，看到他運氣衰到如此境界，眾粉絲、眾網友在新浪微博一致幫他製造話題「要幫汪峰上頭條」，凝聚力極強。各微博大 V 也在自己微博借助「要幫汪峰上頭條」話題宣傳自家產品，微博東方衛視借此事件既報導了新聞也宣傳了自己。甚至汪峰本人也借助自己的話題推廣行銷自己的單曲《生來彷徨》。

6. 娛樂調侃事件行銷

娛樂調侃事件行銷指的是針對某一件事情，通過言語、動作等開玩笑的過程將企業或產品等行銷推廣出去，提高產品認知度和銷量。娛樂調侃事件行銷

雖然具有效果，但調侃度需要適宜，不能太過，否則適得其反。

關於歌手蕭敬騰，社會上流傳著一句話「我不生產水，我只是大自然的搬運工」。蕭敬騰此前參加了一檔音樂類綜藝節目《歌手》，而自從他去湖南參加這檔節目，湖南就下雨不停，為此各路網友紛紛調侃，開玩笑求節目淘汰蕭敬騰，此後「長沙大雨，觀眾怒求淘汰『雨神』蕭敬騰：我也很絕望」等相關微博互動、話題量、綜藝軟文、節目收視量齊飛，至於淘汰與否，敬請收看節目《歌手》。

7. 挑戰心理行銷

利用挑戰心理的事件行銷，指的是通過發布挑戰事件，讓用戶在受到禁止、挑戰、威脅心理作用下不知不覺地對企業或產品進行宣傳。這需要四個基本要素，即挑戰者、挑戰內容、誘發動機因素、被挑戰者。

抖音短視頻屬於明顯的利用公眾不服的挑戰心理來進行行銷推廣的例子。在其廣告語當中各路明星發出「不服？我在抖音，不服來抖」的挑戰；也有各路網友發布的個人抖音視頻，如「不服來戰」的宣言，從解鎖海草舞、手指舞等，到反手摸肚臍、鎖骨養魚，各路高手紛紛重出江湖來挑戰。各企業及品牌也紛紛抓住時機製作抖音視頻或者策劃相關產品的抖音大賽。如海南電信在抖音發布了「海南電信不限量」視頻，策劃了「流量不限量，全家用29元/人」的抖音挑戰賽，鼓勵用戶將才華全都展現出來。只要你敢「抖」，最「抖」大獎等你來拿。

8. 觀戰心理行銷

利用觀戰心理的事件行銷，指的是企業與企業、個人與個人或者企業與個人之間進行辯論、競爭、競賽，引起了眾多人從旁觀看或關注，在此過程中將企業或產品行銷出去。

例如，我們都知道，京東和天貓之間一直在競爭，消費者們靜觀其變，受益也較多。2014年在北京地鐵1號線與5號線的換乘通道上，京東更是將自己的廣告放在了天貓廣告的對面，以自己的優勢凸顯對方的劣勢。京東同樣在線上做了「不光低價 快才痛快」的話題傳播，除線下的兩幅廣告外，創造了更多適合網路傳播的海報。如圖3-50所示，海報中由於物流問題而遲到的剃鬚刀，使得買家胡子已經非常長了；由於物流延遲而遲到的防曬霜，使得買家已經被曬黑得不像樣了。雖然2014年京東25億元與天貓350億元之間的銷售差距仍非常大，但狙擊目的已達到，京東在B2C中排行第二。

圖 3-50　京東雙十一廣告

(十一) 病毒行銷

1. 病毒行銷概述

病毒性行銷並非真的以傳播病毒的方式開展行銷，而是通過用戶在網路中的口碑宣傳，信息像病毒一樣傳播和擴散。利用快速複製的方式傳向數以千計、數以百萬計的受眾。病毒行銷傳播迅速，裡面包含了心理學行銷、社會化媒體行銷、視頻行銷、事件行銷等，這些行銷策略之間並沒有絕對的區分。

病毒行銷案例如冰桶挑戰。2014 年由美國波士頓學院（Boston College）前棒球選手發起的 ALS 冰桶挑戰（Ice Bucket Challenge）風靡全球，各界大佬紛紛濕身挑戰。該挑戰要求參與者在網路上發布自己被冰水澆遍全身的視頻內容，然後該參與者便可以邀請其他人來參與這一活動。活動規定，被邀請者要麼在 24 小時內接受挑戰，要麼就選擇為對抗「肌肉萎縮性側索硬化症」捐出 100 美元。

2. 病毒行銷策劃

病毒行銷策劃及執行主要包括以下步驟：

(1) 確定擬行銷品牌產品。

(2) 確定病毒行銷主題或話題。

(3) 確定病毒行銷渠道。病毒行銷的傳播渠道通常是人群集中、互動性強、傳播迅速的平臺，如 QQ、微信、朋友圈、微博、抖音、微視等。

（4）確定病毒行銷載體。病毒行銷的載體通常將行銷產品嵌入有價值的文章、電子書、優惠券、祝福卡、幽默故事、免費游戲、圖片、視頻等載體中。

（5）確定傳播目標人群。

（6）確定「爆點」、興趣點。病毒行銷可以結合心理學行銷，通常的易於傳播的「爆點」、興趣點來自傳播者的懷舊、恐懼、同情、調侃、挑戰、觀戰、占便宜等心理。如：

① 支付寶「集五福」和抖音「集音符，分五億現金」屬於占便宜心理和娛樂趣味心理，興趣點為「瓜分現金」。

② 抖音平臺上眾多無私幫助孤寡老人和流浪老人的視頻點讚量上萬、評論量上萬、粉絲量上萬，這是因為這些視頻傳遞了愛心和正能量，展現和印證了人性善良的一面。

（7）確定傳播策略。在策劃與執行時通常一種或多種傳播策略並行使用。

（8）執行完以上策劃後，記錄發布渠道、發布網址、二維碼，完成如表3-19所示的病毒行銷內容傳播數據記錄表。描述產品的行銷效果，包括參與人數、銷量、銷售額、註冊量、下載量等數據。如百度 App 通過 2019 年春節晚會的行銷新增下載量、除夕夜全球觀眾參與百度 App 搖一搖互動次數 20,868,716,181 次。

表 3-19　　　　　　病毒行銷內容傳播數據記錄表

	轉發量	閱讀量	點讚量	評論量	……
數據					

（9）對執行情況和執行效果等相關證明截圖。

（10）將所有材料放在策劃書內「病毒行銷策略」裡面。

3. 實訓成果要求

確定目標產品或企業、用戶、興趣點或爆點、推廣渠道及方式、行銷載體，執行病毒行銷方案，記錄效果，提交書面實訓報告。

（十二）網路視頻行銷策略

網路視頻行銷策略，指的是通過數碼技術將所需行銷產品信息、產品視頻、圖片、文字信息及企業形象等以視頻信號傳輸至網路中，達到一定的宣傳目的。

（1）確定視頻標題。對點擊率影響最重要的是標題和圖片，因此要確定一個能吸引人點擊的視頻標題。

（2）確定視頻接受人群。視頻製作需要結合不同視頻接受人群如兒童、年輕人、女性、男性、老人的特點進行設計。

（3）確定視頻類型。如卡通漫畫、真人出鏡、僅產品、擬人、誇張、搞笑等類型。

（4）設計視頻傳播的內容和故事情節。進行產品圖片、出場人物、故事、廣告語、每一個畫面故事的語言設計。

（5）尋找視頻製作所需素材。如圖片素材、聲音素材、視頻素材、圖標素材等。

（6）視頻製作工具。Focusky，適合卡通類；AE，適合真人出鏡型的誇張類型；繪聲繪影、抖音，均適合。

（7）確定投放地址。如優酷、微博、抖音、美拍、朋友圈、QQ空間、嗶哩嗶哩。

（十三）即時網路直播行銷

即時網路直播是各觀眾或各成員都可以同一時間通過網路系統在不同交流平臺觀看影片的新興網路社交方式。帶有互動功能的網路直播還能針對有現場直播需求的用戶，利用互聯網（或專網）和先進的多媒體通信技術，在網上構建一個集音頻、視頻、桌面共享、文檔共享、互動環節於一體的多功能網路直播平臺，供企業或個人直接在線進行語音、視頻、數據的全面交流、觀看和分享。

準備網路直播所需工具如下：

（1）高配置的電腦。盡量選擇i5以上的處理器，防止直播過程出現卡頓現象。

（2）外置聲卡。外置聲卡能對聲音進行加工，使音質效果更好。

（3）耳機。可以用耳機聽伴奏。

（4）獨立麥克風。優質的麥克風能讓聲音充滿磁性和魅力。

（5）防噴罩。將防噴罩罩在麥克風上，能有效避免氣流噴在話筒上。

（6）監聽耳機。監聽耳機用以監控自己的表演效果，避免出現不協調狀況。

（7）攝像頭或手機。準備一個像素高且帶有美化功能的攝像頭，用以製

造如美白、瘦顏、嫩膚、磨皮等效果。

（8）直播背景。設置適於直播產品的背景，打造背景可以利用布景牆、彩燈、相關裝飾品等。如淘寶開蚌直播時設計的背景通常為用珍珠做的發財樹、開蚌價格說明的海報或手寫文字說明、已開的珍珠、珍珠蚌以及裝有珍珠蚌和魚兒的水族箱等。

（9）充足的手機流量或者無線網路。

（十四）年度帳單總結行銷策略

1. 年度帳單總結行銷策略概述

年度帳單總結行銷策略已經為支付寶、新浪微博、蝦米音樂、網易雲音樂、知乎、豆瓣電影、Spotify等平臺所廣泛採用。年度帳單總結行銷策略指的是以平臺帳單及用戶個人帳單為載體，通過移動端、PC端為主要平臺的一種品牌行銷推廣策略。帳單通過流行、詼諧、幽默、自我調侃等通俗易懂的網路用語對消費者從在該平臺註冊使用到現在的歷史情況進行總結和預測，讓年度帳單查閱具備娛樂性、創新性、可視性、傳播性。

年度帳單主要包括各項消費情況匯總、個性化分類、好友對比、未來預測、人物標籤畫像等記錄，並以形象生動的UI界面設計將內容展示出來。這種帳單總結常成為用戶在社交圈中分享並炫耀的資本，增強虛榮心；或者成為自我調侃痛點的途徑，以得到眾人的回應。由於年度帳單總結行銷策略得到眾多用戶分享，具有高行銷價值、高用戶價值、高設計價值，因此其越來越受到企業的重視和使用。

（1）年度帳單總結行銷展示的內容

年度帳單總結行銷策略通常展示這些內容：

一是對該平臺的「最」記錄，比如第一個用戶註冊該平臺的時間、年度消費額最高用戶的消費額、平臺註冊用戶數量等。

二是對用戶在平臺使用的基本情況總結，包括從註冊起的使用天數、消費總額、消費次數、年度消費類型及金額等。

三是對用戶在該平臺的個性化總結，包括：用戶第一次訪問該平臺的記錄、消費最愛、用戶關鍵詞等；增加同類型人群消費對比功能、人物標籤畫像展示及分享功能；等等。

四是對用戶未來的數據預測。通過歷年消費總額預測該用戶未來年收入、未來總支出、人脈、管帳、好友預測年收入排名等。

（2）年度帳單界面設計目標

年度帳單界面設計目標主要包括插畫情感化、內容情感化和操作情感化。

①插畫情感化

插畫情感化指運用創意、風趣幽默的語言文字及圖畫展示對應用戶屬性的帳單特點，用戶能通過這些插畫去理解背後的故事，並且理解其中的情感。

圖 3-51 所示為支付寶年度帳單中的情感化插畫案例。從描述愛情到使用淘寶再到支付寶錢多用不完整個畫面讓人看了不禁感嘆且忍俊不禁。如「人生之路，剁手起步」，配圖上帶有「淘」字的快遞盒裝滿了產品，表示人生之路，從在淘寶上買東西開始；要想有錢購物，就得不斷努力掙錢，才能讓購物行為持久，人生之路才會久遠。

圖 3-51　情感化插畫案例——支付寶

②內容情感化

內容情感化，指的是通過簡短的語言描述情感經歷、快樂的回憶、搞笑的文案、豐富的場景、有趣的段子、正能量事例和人生道理等，展示對應用戶屬性的帳單特點或基本信息，讓用戶開心一笑，或有所感悟。圖 3-52 所示為作者為某高校設計的上月個人用戶累計借書年度帳單總結的 UI 界面，其中的描述語「人醜更要多啃書，才有好前途」富有一定的人生道理，從而鼓勵借書者多學習、多看書，奮發向上。

圖 3-52　某高校某月個人用戶累計借書年度帳單總結的 UI 界面

③操作情感化

操作情感化指用戶在使用平臺時，從帳單所展示的數據及內容所感受到的合適的動態場景、動態轉場。如支付寶首頁從白天到黑夜的界面過渡切換採用了黑白顏色的背景對比；又如抖音 2019 年新春「集音符分五億元現金」活動，從個人頁面到活動頁面使用火箭筒上升動態效果及紅色背景，預祝新年紅運當頭，而且每一個音符都根據發音賦予其新年吉祥意義。這些都烘托了新年氛圍，且讓數據更直觀，增強了活動的社交意義。

2. 年度帳單總結行銷策略任務

（1）平臺年度帳單總結行銷策略任務

①記錄平臺不同類型產品消費或使用的年度（或其他時間段）總結數據，包括最高消費額或次數、最低消費額或次數、人均消費額或次數等。

②為平臺年度（或其他時間段）不同類型產品消費或使用總結情況等繪製出 UI 頁面，所使用語言可以採用詼諧、幽默、可愛等網路流行風格。

如某高校校園一卡通主要用於食堂餐飲、交通出行、超市購物、圖書借閱，其平臺月度帳單總結頁面主要包括上個月的食堂餐飲消費總結、超市購物消費總結、人均消費額、交通出行總結、圖書借閱次數，因此可以為這五個頁

面設計出 UI 展示頁面，如圖 3-53、圖 3-54、圖 3-55 所示。UI 界面展示背景顏色、背景材料、總結內容、描述語等。

圖 3-53　某高校某月人均消費額平臺年度帳單總結的 UI 界面分析

圖 3-54　某高校某月餐飲消費額、人均消費額的平臺帳單總結 UI 界面

圖 3-55　某高校某月交通出行總結、圖書借閱次數的平臺帳單總結 UI 界面

2. 個人用戶年度帳單總結行銷策略任務

建議在設計個人用戶年度帳單總結行銷策略任務的時候製作用戶屬性分類表，並繪製出不同屬性的消費者畫像。

①設計出不同消費金額、消費類型對應的用戶關鍵詞，製作用戶屬性分類表（表 3-20）。

表 3-20　企業某類型產品用戶關鍵詞屬性劃分基本模板

消費總額範圍	主要消費產品類型	……	用戶關鍵詞屬性

如某高校校園一卡通主要用於食堂餐飲、交通出行、超市購物、圖書借閱，用戶個人上月月度帳單總結頁面主要包括上個月的食堂餐飲消費總結、超市購物消費總結、交通出行總結、圖書借閱次數、一卡通剩餘額五個頁面，因此可以為這五個頁面設計出 UI 展示頁面。以上個月累計消費額為例進行用戶關鍵詞屬性劃分，製作描述如表 3-21 所示。

表 3-21　某高校用戶校園某月累計消費額關鍵詞屬性劃分及描述

上月累計消費金額範圍（元）	用戶關鍵詞分類	用戶屬性描述
[1,200, +∞)	剁手黨	年輕人，衝動是魔鬼
[900, 1,200)	土豪族	土豪，我要和你做朋友
[500, 900)	平民	平民最可貴，你我是同類
[0, 500)	小可憐 guy	哎喲喂，這些天你吃什麼過的？

②繪製出不同關鍵詞屬性的用戶畫像。

根據之前的用戶關鍵詞屬性劃分及屬性描述等內容構思 UI 設計的背景圖、所需素材、色彩搭配等，繪製出不同類別的用戶畫像（圖 3-56）。

圖 3-56　某高校某月一卡通剩餘額的個人帳單 UI 界面分析

如某高校校園上個月一卡通食堂餐飲消費、超市購物消費、交通出行、圖書借閱次數、一卡通剩餘額方面，某些用戶類型的用戶畫像設計頁面為「錯誤！未找到引用源」。如圖 3-57 所示，總體背景色為藍色，契合學校 LOGO 的藍色，並在 UI 設計中分別展示用戶的分類屬性、消費情況、描述語、背景等內容。

圖 3-57　某高校某月交通出行、累計消費額、超市消費的個人帳單 UI 界面

（十五）產品行銷策略

產品行銷策略部分內容描述有點類似於前面的《產品與服務》章節，但需要注意區別。產品策略主要指的是實物產品策略，包括產品的實體、服務、品牌、包裝等。在撰寫策劃書的時候主要從產品的效用、質量、外觀、式樣、品牌、包裝、等級、規格服務和保證等方面描述。

1. 產品

描述清楚具體產品、產品的功能、貨源、產品質量、產品規格、產品等級、產品線、價格表、與同類型產品的不同特點等內容。如「五粒米」項目對產品規格和等級的描述為：

---

1. 大米規格

（1）2 千克臻品米：小包裝攜帶方便，不占存儲空間，並且可以作為試吃體驗推廣。

（2）5 千克尊享版：減少購買次數，供在家吃飯頻率不高的家庭選購。

（3）10 千克家庭裝：方便普通家庭購買，同時提高大米銷售量。

（4）分裝不同等級的大米，拉開價格差距，滿足更多消費者的消費需求，提升產品形象。

> 2. 大米等級劃分
> （1）一級大米：背溝無皮，或有皮不成線，米胚和粒面皮層去淨的占90%以上。
> （2）二級大米：背溝有皮，米胚和粒面皮層去淨的占85%以上。
> （3）三級大米：背溝有皮，粒面皮層殘留不超過五分之一的占80%以上。
> （4）四級大米：背溝有皮，粒面皮層殘留不超過三分之一的占75%以上。

2. 包裝

產品包裝是指在產品運輸、儲存、銷售等流通過程中，為了保護產品、方便儲存、促進銷售、方便顧客、便於識別，從而按一定技術方法並採用容器、材料和輔助物等對產品所進行的裝飾的總稱。按照功能包裝分為：運輸包裝、貯藏包裝和銷售包裝。各團隊可以只設計其中一種，如銷售包裝，也可以將運輸包裝、貯藏包裝均設計出來，並把包裝效果圖放置在此。

包裝部分內容策劃需要確定產品採用的是標準包裝還是個性化標準。此外，還需要確定如下事項：包裝設計對客戶的適用性；包裝識別度，如農夫山泉春夏秋冬四款包裝非常易於識別；包裝規格統一性；包裝材料；包裝設計專利申請；包裝應具備的商品基本信息，如商品標記、重量體積、收發貨地點、生產地、生產日期、商品標碼、公司 LOGO 等。

3. 服務

在消費者購買產品前後為其提供服務，並不斷改進和完善，以為客戶提供更加優質的服務。服務主要包括售前服務和售後服務。

售前服務，指的是消費者下單之前企業為顧客提供的服務，目的是刺激客戶購物慾望和購買需求，以瞭解客戶需求、需求類型，幫助顧客挑選產品並下單。如進行客戶交流、活動宣傳、產品體驗等，使客戶瞭解企業、瞭解產品特性與使用方法。

售後服務，是指在顧客已經下單的情況下電子商務企業為顧客提供的服務，其目的是提高客戶滿意度和企業口碑，營造和維持企業品牌和信譽。如物流服務、修改收貨地址服務、繪製生日卡片、產品使用詳情說明、安裝與調試、退換貨、維修與維護、回答客戶其他問題等都屬於售後服務。

4. 品牌

品牌是人們對一個企業及其產品、售後服務、文化價值的一種評價和認可，是一種信任，也是企業的無形資產。人們在想到某一品牌的同時總會將其和時尚、文化、價值等聯想到一起，只有當品牌文化被市場認可並接受後，品

牌才能產生其市場價值。品牌包括品牌名稱和品牌標誌，因此各團隊需要做的是：

（1）確定品牌策略、品牌名稱。確定公司採用單一品牌策略還是多品牌策略，以及每種品牌的名稱；如品牌非常多，可以繪製出品牌分類圖，或者直接將品牌 LOGO 放在策劃書的適當位置。寶潔採用的即是多品牌策略，幾乎每個品牌下面都有子品牌，共經營了 300 多個品牌，如 OLAY、佳潔士、飄柔、海飛絲、沙宣、汰漬等，自己與自己競爭；產品類型涵蓋織物及家居護理、美髮美容、護膚品、嬰兒及家庭護理、健康護理、食品及飲料等。

（2）設計品牌標誌。品牌 LOGO 設計或標誌在前面相關部分已有詳細講解，此處不再做說明。

（3）建立商標防護網。註冊品牌和標誌，包括相關或相近的品牌、商標名，利用有關國際條約保護自己的權益；提前在網路上註冊公司的域名，為發展電子商務打下基礎；宣傳產品品牌，提高品牌知曉度。

（4）建立品牌忠誠度。建立品牌忠誠度，確保優質的產品質量，以提高產品美譽度；設計完善的服務體系，以提高客戶滿意度；增強公關活動策劃能力和及時反應能力，以樹立公司良好的公眾形象。

（十六）價格行銷策略

價格行銷策略指的是根據購買者各自不同支付能力和效用情況，結合產品制定定價和優惠策略，從而實現最大利潤的定價辦法。在價格策略這部分，需要描述用戶的分類、定價的方法及策略、成本估價、優惠策略、預期利潤。

（1）用戶可以依據不同收入、不同支付能力、不同類型、不同訂購量等進行劃分。

（2）定價的方法有利潤導向定價法、成本導向定價法、隨行就市定價法、產品差別定價法、顧客導向定價法等。

（3）制定優惠策略，如積分換購、分享有獎、推廣津貼、滿 100 元減 10、買 100 個送 10 個、淡季清倉、抵用現金券、以舊換新等。

（十七）銷售渠道策略

銷售渠道分為實體銷售渠道和網路銷售渠道，也可以分為自建銷售渠道和利用現有經銷商網路銷售渠道。

自建銷售渠道，首先需要將全國劃分片區，如東北、華北、華中、華南、華東、西北、西南七大區域。其次需要確立銷售網路中心城市。最後為每一區

域設置一個分銷中心，並確定和逐漸發展代理商。通過建立一級銷售網路和二級銷售網路，為客戶提供最高效率的服務。此部分內容結束之後可以將自建銷售渠道網路圖畫出來並展示在此處。

利用現有經銷商網路銷售渠道，首先需要確立各經銷商品牌、所處城市、經銷商數量，並畫出經銷商渠道圖、展示品牌 LOGO。其次逐步發展，建設和擴大銷售網路市場，並與經銷商保持良好關係，發展有能力的代理人才，完善自建的銷售網路。

無論是自建銷售渠道還是利用經銷商網路銷售渠道，為發展電子商務，整個銷售渠道都應該建立銷售系統和 EOS 訂貨系統，及時建立公司網站及客戶資源管理庫並在整條供應鏈即時共享，防止出現「牛鞭效應」。

（十八）制定用戶人脈推廣有獎策略

1. 進行有獎人脈推廣「十點」方法

進行有獎人脈推廣，需要確定十點內容：

一是活動目的。如獲取關注度、增加粉絲量、培養新用戶、給老用戶帶去福利、增加品牌知名度等。

二是獎勵的內容。獎勵內容建議設置為與企業或產品相關的獎勵，借助本次獎勵發展新用戶，或給老用戶帶去福利——實物產品，如優惠券、實物、紅包等；虛擬物品，如《微微一笑很傾城》裡面微微要了兩只老虎靈獸。

三是有獎推廣的方式或要求。如關注有獎、訂閱有獎、轉發有獎、轉發後點讚量達到一定數額有獎、評論有獎、留言有獎、邀請好友註冊有獎、邀請好友註冊併購物有獎或具有抽獎的機會、以老帶新獎勵及組合（如「關注+轉發+評論+點讚」方式）。

四是活動截止時間。活動截止時間的設置是防止後續仍有用戶進行推廣卻沒有得到獎勵而引起糾紛。

五是抽獎方式。抽獎方式包括系統隨機抽獎、根據點讚數量排名獲獎、根據評論相關度及質量獲獎、以老帶新雙贏獎勵、滿足要求即獲獎等方式。

六是聯繫客戶的方式及獎勵結果公布方式。聯繫客戶的方式是在活動發布站點內聯繫已獲獎用戶。

七是獎勵用戶數量及獎勵等級。如果獎勵用戶的數量有限，那麼需要設置獎勵的等級，以及不同等級的獎勵數量和獎勵內容。

八是活動解釋權說明。一般情況下活動最終解釋權歸企業自己所有。

九是設計活動發布的形式。如海報形式、文章形式、視頻形式、純文字形

式、網頁形式、二維碼形式等。

十是有獎活動發布的渠道。目前有獎活動的發布渠道以微博、微信朋友圈、視頻網站、直播平臺、網站公告、線下實體海報、貼吧及論壇、專業的活動網站為主。常見的如百度貼吧、抖音小視頻、新浪微博、網易微博、搜狐微博、微信朋友圈、互動吧、活動行網站、活動家、抖音小視頻、活動樹、報名吧、百格活動、圈兒裡、活動酷、活動天下、懶人週末等各類產品均適宜的平臺。

2. 進行有獎人脈推廣的案例分析

(1) 轉發有獎案例

新浪微博個人媒體或企業媒體常常以推廣有獎活動來增加其人氣和粉絲量，通過設置紅包、獎品，要求網路用戶「關注+轉發+評論+點讚」，設置活動截止時間、獎勵名額等方式，促進微博帳號及活動的推廣。

(2) 點讚量集滿規定數額有獎案例

如很多實體商家規定，用戶轉發朋友圈文章、附上規定文字內容以及集讚滿 m 個即可獲得線下消費結單時轉轉盤獲取折扣獎勵，其文字內容附上了店鋪創業簡介、店鋪地址、聯繫方式等，吸引該用戶的其他朋友也來店內消費，將線上潛在客戶引導到線下。

(3) 留言評論有獎案例

許多公眾號常在文章下面設置有獎評論活動，規定用戶在文章下面留言評論即可參與抽獎，並設置獎勵產品、獎勵用戶數量、活動截止時間、發布方式，有些公眾號還規定用戶在文章下面留言的評論被點讚超過 m 個，或者點讚量排名前 n 即可獲得獎勵。

(4) 以老帶新獎勵案例

以老帶新獎勵方法在金融行業、房地產行業、汽車行業、電商網站、健身等領域運用得較為廣泛。如房產行業，很多房地產商鼓勵已在本小區購房的用戶介紹新用戶過來購房，通過以老帶新，購房成功後，已購房用戶可獲現金獎勵、免物業費等獎勵。

邀請註冊雙贏案例：互聯網金融領域，如京東金融的推廣策略是，已註冊用戶邀請新用戶註冊成功，已註冊用戶和被邀請的新註冊用戶均可以獲得紅包金額獎勵或加息券等。又如支付寶的已註冊用戶邀請新用戶註冊成功，雙方均可以獲得紅包獎勵。

(5) 邀請註冊或分享獲得虛擬游戲幣等虛擬物品案例

如拼多多的多多果園裡面設置了領水滴的任務，通過用戶分享、邀請好友

註冊等方式均可以獲得水滴，水滴可以給虛擬的果樹澆水，待水果成熟即可領取真實的水果。

八、企業網站內容及框架設計

（一）確定網站類型

網站可分為信息型網站、服務型網站、銷售型網站、綜合型電子商務網站等類型。

1. 信息型網站

信息型網站主要用於品牌宣傳、產品展示、業務介紹、客戶溝通等。如山西西鳳酒股份有限公司網站（網址：http://www.sxxfj.cn/）便是信息發布型網站，網站主要對公司的業務、產品進行展示，並具備留言投訴、聯繫公司等溝通功能。

2. 服務型網站

服務型網站主要是為用戶提供服務，主要具備會員管理、業務查詢、技術支持、售後服務功能。如圓通、申通等網站。

3. 銷售型網站

銷售型網站主要是銷售產品，因此具備購物車管理、訂單管理以及支付結算管理功能。如京東、網易考拉、蘇寧易購等網站。

4. 綜合型電子商務網站

綜合型網站具備以上信息發布型、服務型、銷售型網站的一些功能，主要用於對內部信息和外部信息進行集成化，如海爾商城。

（二）設計域名

1. 域名命名方法

（1）企業名稱的漢語拼音，如海爾網站域名 haier.com，華為網站域名 huawei.com。

（2）企業名稱相應的英文名，如中國電信網域名 chinatelecom.com。

（3）中英文結合，如中國人網 chinaren.com。

（4）企業名稱縮寫、漢語拼音縮寫、英文縮寫。如瀘州老窖網 lzlj.com。

（5）漢語拼音的諧音，如新浪網 sina.com。

（6）以純數字註冊域名，如網易 163.com。

域名起名一定要簡單、有寓意、容易記憶，不宜過長。

2. 域名查詢相關網站

域名逐步確定之後，還需要查詢該域名是否被註冊；若已被註冊，則需要重新起名。域名註冊查詢相關網站有站長工具、萬網、百度雲、騰訊雲、西部數碼等。

（三）設計網站各級目錄及內容

在設計網站各級目錄及內容時思路容易混亂，為讓思路清晰，各位可以參考表 3-22，將各級目錄名稱及內容規劃填於表中，目錄較多的，自己添加表格。

表 3-22　　　　　　　網站各級目錄及內容設計表

網站名稱			網站域名	
一級目錄	二級目錄		內容描述（三級目錄）	內容說明
	編號	名稱		
	1-1			
	1-2			
	……			
	2-1			
	2-2			
	……			
欄目規劃情況說明				

（四）設計網頁佈局

將網站首頁及各個頁面的佈局圖畫出來，甚至將頁面的 UI 效果圖設計出來，給評委及投資方的印象會更好。網頁佈局概括起來分為單列佈局、兩列佈局、三列佈局以及混合佈局。但各位在設計佈局的時候需要結合網站的定位以及產品特點進行，越詳細越好。網頁佈局設計工具有萬能的 Word、PPT，以及億圖軟件等專用工具。

第 4 章　策劃書應用及實踐成果

　　有了創新、創意，如果能做到「創業」，那就錦上添花了。一般而言項目主要實踐成果有參加全國大學生電子商務「創新、創意及創業」大賽獲獎，參加「互聯網+」大學生創新創業大賽暨全國大賽獲獎，申報大學生創新創業相關項目立項，入駐大學生創業園，開設網路店鋪或實體店，進行網站建設，註冊公司。此外還有 App 建設、專利申請、模型製作、版權申請等。

一、參加全國大學生電子商務「創新、創意及創業」大賽獲獎

　　策劃書可以放入參加全國大學生電子商務「創新、創意及創業」挑戰賽獲獎證書。

1. 賽事簡介

　　全國大學生電子商務「創新、創意及創業」挑戰賽（以下簡稱「三創賽」）目的是激發大學生興趣與潛能，培養大學生創新意識、創意思維、創業能力以及團隊協作精神。

2. 大賽題目來源

　　大賽強調理論與實踐相結合，大賽主題通常分為三農電子商務、工業電子商務、跨境電子商務、電子商務物流、互聯網金融、移動電子商務、旅遊電子商務、校園電子商務、其他類電子商務。參賽隊伍應該圍繞大賽主題給出具體題目。

3. 大賽參加資格和指導原則

　　一個在校指導教師最多可以指導三個隊競賽，一個題目最多可以有兩名教師和兩名企業界導師指導。凡是在國內的，經教育部批准的普通高等學校的在校大學生，每位選手經本校教務處等機構證明都有資格參賽；高校教師既可以作為指導老師也可以作為參賽選手（隊長或隊員）組成師生混合隊參賽。參

賽選手有兩種組隊方式：①學生隊。在校大學生作為隊長，學生作為隊員組隊。②混合隊。高校教師作為隊長，但本隊中老師人數不得多於學生人數。參賽選手每人每年只能參加一個題目的競賽，一個題目最多5個人參加，其中一位為隊長；提倡合理分工，學科交叉，優勢結合，可以跨校組隊，以隊長所在學校為該隊報名學校。

4. 全國電子商務三創賽網路報名方式

在本校註冊之後，參賽隊伍必須到官方網站（www.3chuang.net）上由隊長統一註冊，以便規範管理和提供必要的服務。報名時首先選擇所在省份及（已經註冊並審核通過的）學校並填寫參賽隊及助賽親友情況，參賽題目可以在報名時間截止前確定。

注意：所有參賽隊伍都必須由本校「三創賽」承辦負責人在官網上對參賽隊伍進行審核。未在競賽官網報名的參賽團隊將無法獲得校賽資格。

註冊完畢，請記錄報名帳號、密碼、ID等信息，方便後期查詢獲獎情況。

二、參加「互聯網+」大學生創新創業大賽暨全國大賽獲獎

將參加「互聯網+」大學生創新創業大賽暨全國大賽獲獎證書附在策劃書內。

1. 參賽項目要求

「互聯網+」參賽項目主要包括以下類型：①「互聯網+現代農業」，包括農林牧漁等。②「互聯網+製造業」，包括智能硬件、先進製造、工業自動化、生物醫藥、節能環保、新材料、軍工等。③「互聯網+信息技術服務」，包括工具軟件、社交網路、媒體門戶、企業服務等。④「互聯網+文化創意服務」，包括廣播影視、設計服務、文化藝術、旅遊休閒、藝術品交易、廣告會展、動漫娛樂、體育競技等。⑤「互聯網+商務服務」，包括電子商務、消費生活、金融、財經、法務、房產家居、高效物流等。⑥「互聯網+公共服務」，包括教育培訓、醫療健康、交通、人力資源服務等。⑦「互聯網+公益創業」，以社會價值為導向的非營利性創業。

參賽項目須真實、健康、合法，無任何不良信息，項目立意應弘揚正能量，踐行社會主義核心價值觀。參賽項目不得侵犯他人知識產權；所涉及的發明創造、專利技術、資源等必須擁有清晰合法的知識產權或物權；抄襲、盜用、提供虛假材料或違反相關法律法規一經發現即刻喪失參賽相關權利並自負一切法律責任。

參賽項目涉及他人知識產權的，報名時需提交完整的具有法律效力的所有人書面授權許可書、專利證書等；已完成工商登記註冊的創業項目，報名時需提交單位概況、法定代表人情況、股權結構、組織機構代碼複印件等相關證明材料。

2. 參賽類別

根據參賽項目所處的創業階段、已獲投資情況和項目特點，大賽分為創意組、初創組、成長組和就業型創業組。詳情可網上搜索參賽條件。初創組、成長組和就業型創業組中已完成工商登記註冊參賽項目的股權結構中，參賽成員合計不得少於 1/3。對於高校科技成果轉化的項目，允許將擁有科研成果的老師的股權合併計算，合併計算的股權不得少於 50%（其中參賽成員合計不得少於 15%）。

3. 賽事安排

（1）參賽報名一般在 3~5 月。參賽團隊可通過登錄「全國大學生創業服務網」（cy.ncss.org.cn）或大賽微信公眾號「大學生創業服務網」任一方式進行報名。

（2）初賽複賽一般在 6~9 月。各省（區、市）各高校登錄「全國大學生創業服務網」進行報名信息的查看和管理。

（3）全國總決賽一般在 10 月中下旬。大賽評審委員會對入圍全國總決賽項目進行網上評審，擇優選拔進行現場比賽，決出金、銀獎。

各項目團隊可以登錄「全國大學生創業服務網」查看相關信息。各高校可以通過騰訊微校（weixiao.qq.com/shuangchuang）進行賽事宣傳，獲得項目激勵和孵化指導。

4. 網路報名方式

重慶市大學生創新創業報名網站網址為：http://cy.cqbys.com/。

全國大學生創業服務網網址為：http://cy.ncss.org.cn/。

三、申報大學生創新創業相關項目立項

申報大學生科技創新項目可以從申請校級項目做起，立項成功也是策劃書應用的實踐成果，可以在策劃書內附上項目立項書（如果已經結題，請附上結題證明）。大學生創新創業訓練計劃項目分為「創新訓練計劃項目」和「創業訓練計劃項目」，從級別又分為省部級和國家級，此項目立項成功自然是一件非常榮幸的事情。同上文一樣，立項也是策劃書應用的實踐成果，可以在策

劃書內附上項目立項書；若已結題，需附上結題證明。

不論申報校級項目、省部級項目還是國家項目都需要填寫項目申請書，項目申請書是敲門磚，在此給大家展示填寫項目申報表的一些技巧。

1. 項目申報表封面

項目申報表給人的第一印象極為重要。如圖4-1所示，在項目申報仍處於修改階段時，雖然是不同類型、不同等級的項目申報，但很明顯左邊的申報表封面比右邊的申報表封面看起來更好一些。在填寫申報表的時候需要注意：

（1）欄目文字如「所在系部」「項目名稱」「指導教師」等文字兩端對齊；

（2）橫線長度一致，或者保持右對齊；

（3）所填文字字體大小一致；

（4）所填文字居中。

圖 4-1　項目申報表封面案例

2. 項目申報填寫說明

官方製作的申請表第二頁一般是填寫說明，裡面有項目申報表填寫的一般要求，如打印份數、雙面打印或單面打印、字體格式、簽字要求、裝訂要求、報送部門等。

3. 基本情況

基本情況如表4-1所示。填寫時需要注意：

（1）項目名稱。情況表裡面的項目名稱與封面的項目名稱保持一致。

（2）項目性質。項目性質不要直接打鉤，從表中可以看到項目性質每個選項前面都有方框，因此勾選的時候採用「☑」形式，在Office的「插入」—「符號」裡面。如果是以括號形式展示的，那麼直接在括號裡打鉤，即（✓）。

（3）項目來源。如果項目選題是教師給定的或者提供的，勾選「教師指導選題」；如果是學生團隊討論出來的，勾選「自主立題」。

（4）起止時間。起止時間為項目申報通知書要求的時間範圍，該範圍內

要完成相關結題要求。

（5）申請金額。在項目申報通知裡面應該有不同等級項目申報的金額範圍，仔細閱讀項目申報通知。

（6）注意字體一致，不要改動原有格式。

表 4-1　　　　　　　　　　項目申請基本情況表

項目名稱	
項目性質	□發明、創作、設計等　□基礎性研究　□應用性研究 □社會調研　□教師項目的子課題　□創新性研究　□其他
項目來源	□自主立題　　　□教師指導選題
起止時間	自　　年　　月　至　　　年　　月
申請金額	

4. 項目組信息表

項目組信息表主要包括申請者情況表、項目組成員情況表、指導教師情況表三部分。不同項目申報的此部分內容表格各不相同，這裡以圖 4-2 說明填寫時常出現的問題。

姓名	年級	学校	所在院系/专业	联系电话	E-mail
小明	2015級	重庆地区某某高校	国际商务	13108888888	1041226666@qq.com

圖 4-2　項目組信息表錯誤斷行展示

（1）不應斷行展示的內容卻斷行。如圖中的「2015 級」「1041226666@qq.com」等字樣本應該在一行展示，卻在兩行展示出來了。

（2）單元格對齊方式應該選擇居中。

5. 研究目的和研究意義

在填寫「研究目的和研究意義」的時候，研究目的和研究意義一定要分開單獨寫。

研究目的，應站在項目成員、公司角度並從確定該項目主題、堅持該項

目、申請該項目的目的等方面來描寫。目的描述一定要符合法律法規的要求，做到為民服務。對於研究意義，應站在客戶角度，描述項目能解決的問題。

6. 研究內容與研究方法

在填寫「研究內容與研究方法」的時候，研究內容與研究方法同樣要分開單獨寫。

研究內容主要描述擬提供的產品或服務、其他成果的實現等。

研究方法主要描述實現項目的方法、方案和技術，描述需要簡單、明了、清晰。每一個方法、方案、技術單獨成段，最後畫出項目研究技術路線圖。研究技術路線圖包括研究目的、研究方法、研究內容、研究流程、研究結論及成果等，如圖4-3所示。

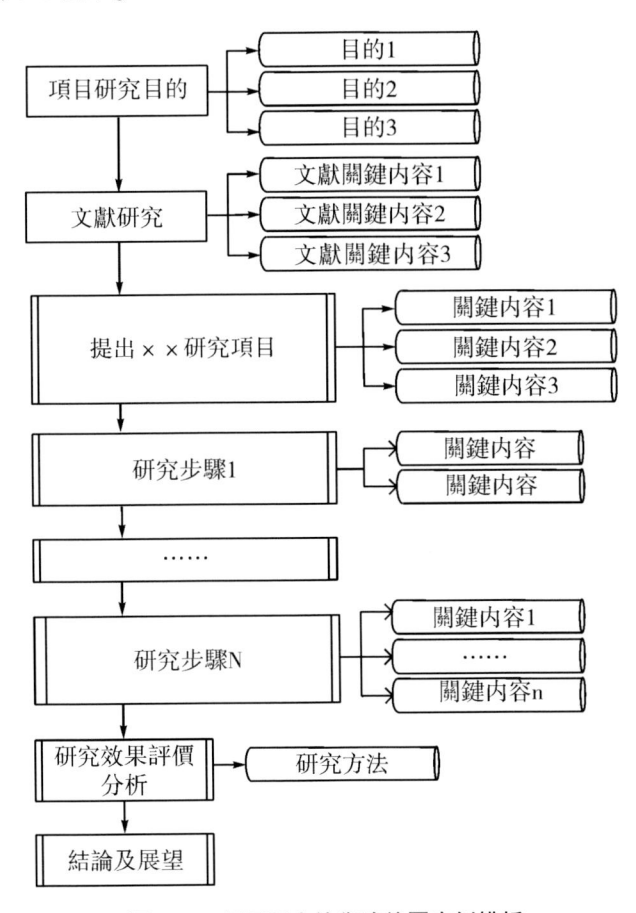

圖4-3 項目研究技術路線圖案例模板

7. 擬解決的關鍵問題

擬解決的關鍵問題是指整個項目研究的關鍵所在，一旦該問題或者這些問題解決了，整個項目基本就能完成了。關鍵問題不能過多，一般以 1~3 個問題為宜。擬解決的關鍵問題可以指項目的重要創新點、項目實現的難點、項目中所需的技術手段或者創新的方法和理論等。

「擬解決的關鍵問題」的描述為兩個步驟：一是解釋該問題是項目研究關鍵問題的原因，二是指出打算解決該問題的方式。每一個擬解決的關鍵問題單獨成段，加粗，然後簡要解釋說明。

8. 研究預期成果

研究預期成果一定要具體、細化，不能寫成研究目標和研究目的。研究預期成果不宜多寫，一般 3 個左右，而且每一個預期成果都要錘煉標題，單獨成行。研究預期成果非常多，不同項目成果不同，通用的預期成果主要有：

（1）參加大學生電子商務創新、創意與創業類比賽獲獎，可以寫明獲獎等級。

（2）入駐大學生創業園。寫清創業園等級。

（3）開設網路店鋪。簡單描述網路店鋪所處平臺（如淘寶、阿里巴巴、京東、拼多多等）、店鋪主營業務以及最重要的網路店鋪預期成交額。此成交額不要寫得過低或過高——過低，沒有挑戰性，項目申請不容易成功；過高，在項目結題的時候無法實現，從而不能獲得結題證書，項目扶持資金也會中止。

（4）網路行銷推廣帳號註冊及粉絲數量、閱讀數、評論量等，並說明項目產生的一些積極影響。

（5）網站建設。將擬建設網站的名稱、網址附上。

（6）App 建設。同樣附上擬建設 App 的名稱、App 建設主要技術等。

（7）實體店建設及銷售額。簡單說明實體店擬銷售的產品或服務、預期銷售額或者其他預期效果等。

（8）公司註冊。寫出擬設立公司的名稱、地址、註冊資金等。

（9）品牌商標註冊。

（10）域名註冊。

（11）擬合作企業名單及數量。

（12）專利申請。寫出專利申請成功預期的時間。

（13）版權、設計稿、模型製作等。

9. 研究進度及安排

進行項目進度及安排內容描述時一定要讓閱讀者對你們項目的安排有一個清晰的瞭解。因此在撰寫的時候，建議劃分時間段，並對不同時間段內所需完成內容進行簡要說明。為期一年的項目研究進度及安排通用模板如表4-2所示。

表4-2　　　　　為期一年的項目研究進度及安排通用模板

時間段	主要工作	工作描述
2018年9月—2018年10月	市場調查階段	項目組成員討論與擬提供的產品和服務有關的問題，開展市場需求調查與統計
2018年11月—2019年2月	產品設計階段	項目組成員討論確定產品賣點，並進行產品功能設計，建設網站App、開設網路店鋪等
2019年3月—2019年6月	推廣策劃階段	根據產品資料確定產品行銷與推廣策略，撰寫具體的行銷推廣方案並進行實踐，保存行銷推廣效果數據及圖文資料等
2019年7月—2019年9月	提交結題報告階段	將整體的項目計劃書、市場調查、產品設計、行銷推廣數據記錄匯總，填寫結題報告，並根據指導老師的修改意見反覆修改、補充和完善。送指導老師及相關專家徵求意見

10. 經費預算

經費預算總額應該與項目基本情況裡面的項目申請金額總數保持一致。可以將每一項經費名稱與經費預算單獨一行列出來，最後進行匯總。

項目經費預算不能任意填寫，因為最後需要提供發票作支撐證明，經費預算支出科目很多，常用的如表4-3所示。

表4-3　　　　　　　　項目經費預算常用科目

打印複印費	指在電腦或其他電子設備中通過打印機輸出在紙張等記錄物上產生的油墨、紙張、人工等費用
差旅費	指在項目研究過程中開展實驗、考察、調研、交流等而發生的伙食費、交通費、住宿費等
辦公費	主要指項目研究過程中行政部門的辦公支出，如文具費、紙張費（包括各種規程、制度、報表、票據、帳簿等的印刷費和購置費）、報紙雜誌費、圖書資料費、郵電通信費以及銀行結算單據工本費等。由於不同單位、不同部門對辦公費的範圍要求不同，因此以實際為準

表4-3(續)

專家諮詢費	指的是在項目研究過程中支付給臨時聘請的諮詢專家的費用。專家諮詢費標準按國家有關規定執行
軟件費	指項目研究過程中發生的軟件購買、開發、修復等費用
通信費	《地方稅務局關於對公司員工報銷手機費徵收個人所得稅問題的批復》規定：項目組為個人通信工具負擔通信費採取金額實報實銷或限額實報實銷部分的，可不並入當月工資、薪金徵收個人所得稅；採取發放補貼形式的，應並入當月工資、薪金計徵個人所得稅
會議費	指在項目研究過程中為了組織開展學術研討、諮詢以及協調項目研究工作等活動發生的會議費用。會議費用需要出具會議通知及繳費的憑證
出版/知識產權費等	指在項目研究過程中需要支付的出版費、資料費、專用軟件購買費、文獻檢索費、專業通信費、專利申請及其他知識產權事務等費用
勞務費	指的是在項目研究過程中支付給項目組成員中沒有工資性收入的在校本科生、博士生和臨時聘用人員的勞務費用，以及臨時聘用人員的社會保險補助費用等。勞務費要繳納個人所得稅
材料費	指在項目研究過程中消耗的各種原材料、輔助材料、低值易耗品等的採購及運輸、裝卸、整理等費用
設備費	指在項目研究過程中購置或試製專用儀器設備，對現有儀器設備進行升級改造，以及租賃外單位儀器設備而產生的費用
間接費用	指依託單位在組織實施項目過程中發生的無法在直接費用中列支的相關費用，主要用於補償依託單位為了項目研究提供的現有儀器設備及房屋、水、電、氣、暖消耗，有關管理費用，以及績效支出等。績效支出是指依託單位為了提高科研工作績效安排的相關支出
其他支出	項目研究過程中發生的除上述費用之外的其他支出，應當在申請預算時單獨列表，單獨核定

　　由於項目申報成功之後以及項目結題的時候會以2個批次或者3個批次分發項目經費，而且需要找發票報銷才可以，同時金額龐大，短時間內不容易獲得規定量的發票，或者有些發票不合格，因此項目申報不論成功與否，每一位成員都要有意識去收集盡量多的發票，以供不時之需。

　　如果將經費預算表做出來，效果會更好。如表4-4所示。

表 4-4　　　　　　　　　　　　經費預算模板表

預算支出科目	金額（元）	主要用途
研發費用	4,000	網站域名購買、網站服務器使用以及微信平臺構建
期間費用估算	4,000	行銷開發、管理、銷售、財務
購買技術	20,000	購買微信行銷系統等相關技術營運產品
交通費	400	做市場調查、項目營運
通信費	300	做市場調查
資料費用	300	上網下載、購買資料
打印複印費	1,000	策劃書、調查問卷打印、複印
總金額	30,000	—

最後核對經費預算，無論未來費用是多少，現在申報書內的預算總金額都應與申報金額總額一致。

四、入駐大學生創業園

入駐大學生創業園也是策劃書的實踐成果，大家可以將蓋章後的入駐申請書掃描成圖片後放於相應位置。申請入駐校級或地區的大學生創業園需要三份材料：①項目可行性分析報告，應重點描述項目解決的問題、項目的盈利模式、盈利來源。②項目創業計劃書（策劃書）。③入駐創業園申請書。

以上三份材料都非常重要，前兩個已經在前面有所介紹，現重點說明一下填寫入駐創業園申請書的一些注意事項。

1. 參加創業培訓或競賽情況

（1）最先列出參加的創新創業類比賽獲獎情況、項目立項等情況。列表順序按照賽事或項目等級從高到低，一個獎項單獨一行，重要內容加粗顯示。內容包括年份或屆數、賽事或項目名稱、等級及名稱等。

（2）填寫案例，「競賽情況」與「參加創業培訓」以編號和標題進行劃分。如表 4-5 所示。

（3）列出參加的創新創業類培訓，並按照培訓等級從高到低排列，每個培訓單獨一行，重要內容加粗顯示。內容包括年份或屆數、培訓或展會名稱、展會等級等。

表 4-5　入駐大學生創業園申請表中「參加創業培訓或競賽情況」案例

參加創業培訓或競賽情況	**(一) 參加競賽獲獎/立項情況** 2017 年**國家級大學生創新創業訓練計劃項目立項**； 第八屆全國大學生電子商務「創新、創意及創業」挑戰賽**重慶市二等獎**； 第三屆重慶市「互聯網+」創新創業大賽**重慶市優秀獎**。 **(二) 參加創業培訓情況** 重慶市第三屆大學生創新創業成果展洽會。

2. 團隊成員假期兼職情況

（1）羅列出每一位成員與項目相關的兼職案例。

（2）每一位成員的兼職信息單獨成段，交代清楚時間、兼職時所屬公司、擔任職位、兼職效果等內容，突出成員相關的創新能力、創業能力、管理能力、技術技能等。模板如表 4-6 所示。

表 4-6　入駐大學生創業園申請表中「團隊成員假期兼職情況」模板

團隊成員假期兼職情況	A 成員姓名：2018 年在××公司擔任××職務，完成銷售額××元；2018 年在××公司擔任互聯網行銷推廣職務，完成公眾號新聞稿件××份，閱讀量××，轉化率××%。 …… D 成員姓名：2018 年在××公司擔任××職務，完成視頻編輯××個，瀏覽量××個；2018 年在××公司擔任××職務，完成××。

3. 項目特色（優勢）描述

特色或優勢包括產品特色、包裝特色、技術優勢、貨源優勢、師資優勢、團隊經驗優勢、市場需求優勢、資本優勢等。

針對每一個項目特色或優勢**提煉關鍵詞**，然後對提煉的關鍵詞進行簡要描述，每一點內容描述都「**單獨一段**」，每一個特色或優勢點的關鍵詞要「**加粗**」。基本模板如：

（1）**某項目特色（優勢）關鍵詞 1**。簡要描述，字數控制在 80 字左右。

（2）**某項目特色（優勢）關鍵詞 2**。簡要描述，字數控制在 80 字左右。

（3）**某項目特色（優勢）關鍵詞 3**。簡要描述，字數控制在 80 字左右。

4. 市場預測

市場預測描述企業（項目）創辦一年後可能達到的規模、產品銷售情況等。

（1）每一個市場預測的內容單獨成段，並用小標題進行區分。

（2）市場預測可以採用概括型的，也可以採用具體化的。

表 4-7 為「未來 GO 人才培養戰略」項目入駐大學生創業園申請表內市場預測模板。

表 4-7　入駐大學生創業園申請表中「市場預測」之「未來 GO 人才培養戰略」項目模板

市場預測［包括企業（項目）創辦一年後可能達到的規模、產品銷售情況等］ 1. 品牌效應突顯，在校園內有知名度； 2. 目標客戶忠誠度不斷提高，平臺訪問量日均上千次，訂單達 200 單； 3. 平臺服務更加完善，產品質量更高，涉及面更廣； 4. 線上電商與線下配送相結合，推動服務水準提升，優化結構，使效益提高。

　　5. 指導教師的產業實踐經驗

一般指導教師的創業經驗比較少；如果有，寫進來更有優勢。指導教師的產業實踐經驗建議從這些方面撰寫：①指導教師個人的公司創業經驗、網路店鋪開設及盈利經驗。②科研項目經驗，包括縱向科研項目和橫向科研項目。③教學改革項目及實踐經驗。④指導學生參賽、立項、創業經驗。

五、網路店鋪開設與營運有銷售額

對於網路開店，需要描述清楚以下內容：

（1）店鋪平臺。目前可以開設店鋪的平臺有淘寶店鋪、豬八戒店鋪、轉轉店鋪、閒魚店鋪、環球捕手店鋪、微店店鋪、瓜子二手車、京東、拼多多、交易貓（銷售游戲產品）、嘟嘟網路優秀服務網（DD373.com，銷售游戲產品）等。

（2）店鋪主營業務和產品內容介紹。

（3）店鋪首頁網址。

（4）店鋪首頁、寶貝列表、已賣出寶貝等頁面的截圖展示。

（5）店鋪營業相關數據表及分析表。

六、網路行銷推廣帳號註冊與營運良好

網路行銷推廣帳號較多，如新浪、微信公眾號、QQ 帳號、朋友圈、百度知道、百度貼吧、搜狐、網易、今日頭條等。本部分需要描述的內容有：

（1）帳號類型及數量。

（2）各帳號粉絲或關注數量。
（3）各帳號主要推廣營運內容簡介、功能。
（4）公眾號推廣營運流程。
（5）各帳號推廣界面截圖。
（6）各帳號推廣效果說明。

「精選限量美食」項目案例如下：

（一）公眾號營運推廣

公眾號帳號名稱為：精選限量美食

（1）公眾號粉絲數量。目前公眾號有接近 10 萬的高品質精準粉絲（圖 4-4）。

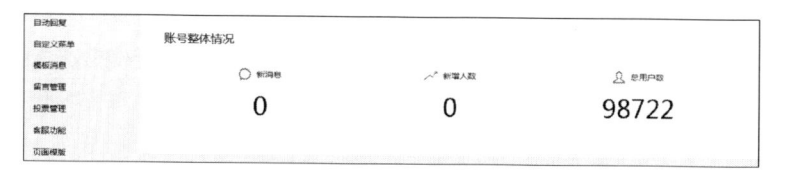

圖 4-4　精選限量美食公眾號粉絲數量後臺截圖

（2）軟文推廣。在公眾號內發布原創文章，一篇文章一篇產品故事。共發送圖文 43 篇，服務品牌 30 餘個。微信公眾號綁定微店，軟文行銷帶動產品銷售，軟文為其帶來顯著收益（圖 4-5）。

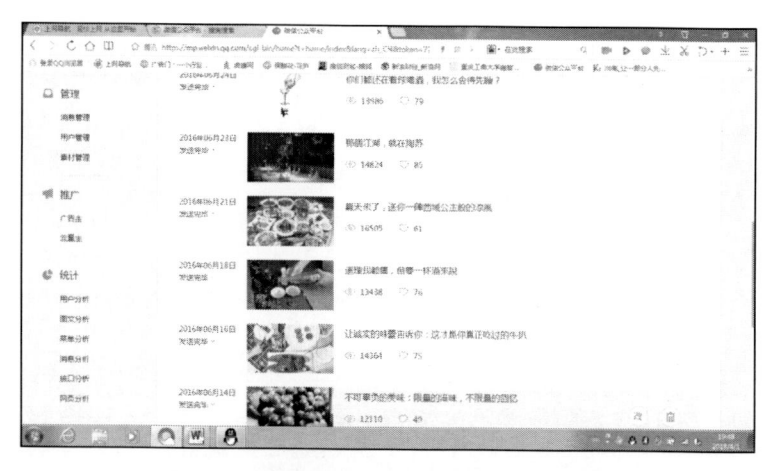

圖 4-5　精選限量美食公眾號發布文章截圖

（3）關注用戶留言和軟文閱讀量，及時瞭解並滿足用戶需求。
（4）及時進行推廣效果相關數據記錄（圖 4-6）。

图 4-6　精選限量美食公眾號軟文訪問記錄

（5）公眾號收益轉化情況（圖 4-7）。

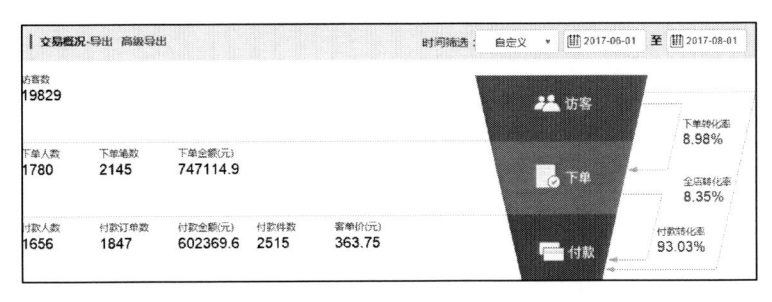

图 4-7　精選限量美食公眾號記錄的吳小平葡萄品牌收益

七、網站建設/軟件開發成功

網站建設成功是項目重要成果之一。網站建設描述模板如下所示：
（1）網站註冊名稱與域名。
（2）網站首頁。
對首頁內容進行文字描述，包括網站主營業務、功能等。然後放置網站首頁圖片。
（3）網站導航欄。
介紹網站導航欄的分類，放置導航欄截圖。
（4）註冊登錄界面。
介紹註冊登錄界面、註冊登錄方式、找回密碼方式、安全設置、註冊流程等內容，然後放置登錄界面圖、畫出用戶註冊登錄流程。
（5）產品與服務界面。
（6）網站服務功能界面等。

八、公司註冊成果

公司註冊需要提前想好公司商標名稱、域名、LOGO 等。公司註冊成果部分需要的資料主要包括公司名稱、註冊地址、註冊資本、營業執照、已蓋章的公司登記（備案）申請表、名稱預先（變更）核准通知書等。

九、品牌商標註冊成功

（一）商標註冊工作流程

向國家工商行政管理總局商標局提交註冊時，需要做好以下幾件事情：①查詢能否註冊；②判斷註冊風險；③確認註冊類別；④到北京商標局繳費；⑤準備申報資料；⑥查詢近似商標；⑦撰寫商標申請；⑧確認初審狀態。

（二）商標註冊需準備的資料

商標註冊申請分為以個人名義申請和以公司名義申請，所需材料各不相同，如表 4-8 所示。

表 4-8　　　　　個人名義申請與公司名義申請資料

以個人名義申請所需資料	以公司名義申請所需資料
清晰的商標圖樣 身分證複印件 個體工商戶營業執照複印件 申請書 委託書	清晰的商標圖樣 營業執照副本複印件 申請書 委託書

十、域名註冊成功

已註冊的域名也可以作為項目的實踐成果之一。

（一）域名註冊工具

域名註冊常用工具網址有萬網、阿里巴巴、站長工具、豬八戒等。

（1）站長工具。站長工具能夠進行域名註冊，通過其推薦的「域名搶註」按鈕還可以註冊申請其他域名。站長工具網址為 http://ip.chinaz.com/。站長工具在電子商務網站診斷與分析中用得比較多，企業能通過其提供的域名/IP 類查

詢、網站信息查詢、SEO 查詢、權重查詢、輔助工具、PR 查詢、IP 查詢、Alexa 排名、網站安全監測、測速、監控、配色、加密解密等多功能服務，為網站優化提供數字參考依據和支撐，是電子商務領域中非常重要的網站，強烈推薦！

（2）萬網。萬網是阿里巴巴阿里雲旗下品牌，不僅提供域名查詢服務，還能為用戶提供域名註冊、大數據服務支持。萬網網址為 https://wanwang.aliyun.com/。

（3）騰訊雲，網址為 https://dnspod.cloud.tencent.com/。

（4）百度雲，網址 https://cloud.baidu.com/。

（5）西部數碼，網址為 https://www.west.cn/。

（6）美橙互聯網，網址為 https://www.cndns.com/。

（二）域名的註冊機構

中國互聯網路信息中心（CNNIC）系國內域名註冊服務機構，其網址是 https://www.cnnic.net.cn。

國際互聯網路信息中心（InterNIC）系國際域名註冊服務機構，申請地址是 https://www.internic.net。

十一、已有合作企業

已有合作企業也可以作為項目的實踐成果，此部分內容可以將合作企業的信息、合作內容、合作形式、合作效果等展示出來。

如「精選限量美食」項目中對「已合作品牌」內容的描述為：

> 「精選限量美食」項目前期合作的品牌有：吳小平葡萄、火山岩扒房、唐小姐的酒館、絲路香妃西域清真餐廳、白樂天火鍋、很高興遇見你、悅榕莊等。後期合作的品牌有：江津橙子、唐家河蜂蜜、藍心梅園等。項目發展主要集中在農村電商，為農村電商產品打造品牌及推廣品牌等（圖 4-8）。

圖 4-8　「精選限量美食」項目已合作的部分品牌

十二、其他成果

　　其他成果包括實體店建設及營運成功、專利申請成功、版權申請成功、完成設計稿、完成模型製作等。其中可以申請為版權的創新創意類作品有美術作品、軟件作品、文字作品、音樂作品、攝影作品、工程作品、影視作品、口述作品、曲藝作品、戲劇作品、舞蹈作品、建築作品、模型作品、匯編作品、雜技作品等。如「捷熊營運服務平臺」項目將已完成的微信小程序建設，與南京維斯爾科技有限公司合作舉辦尋找最美聲音線上比賽，與廣盈通電子商務有限公司、信息技術中心技術研發團隊、啓德、虎賁、匯智藍媒科技有限公司簽訂協議，與廣州四葉草信息技術有限公司就網易雲音樂項目達成戰略合作夥伴共識，與重慶工商大學融智學院大學生自律委員會就回收舊衣、城市生存挑戰賽等簽訂合作協議，成功舉辦重慶工商大學融智學院「男神」「女神」評選活動，入駐創業園等共19個成果均一一展示在了此章節，足以展示其實踐成果。

第 5 章　答辯與展示

一、策劃書封面/底面

（1）創業策劃書封面可以放置以下全部或部分基本元素：團隊名稱、團隊成員、聯繫方式、二維碼、網址、公司 LOGO、封面設計、小組名稱、主要產品照片、廣告語等。

（2）封面背景設計的風格需要與項目相符，如「精選限量美食」項目主題為美食，其策劃書封面設計如圖 5-1 所示。

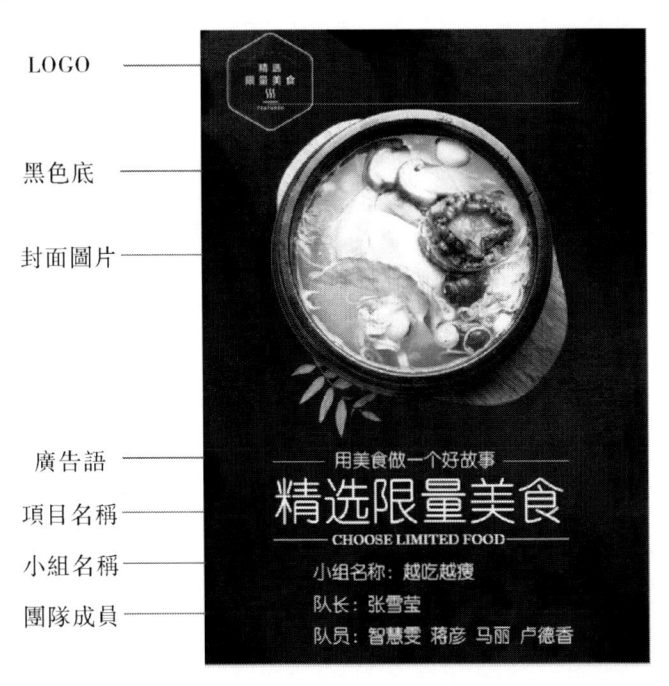

圖 5-1　「精選限量美食」項目策劃書封面設計及元素分析

（3）策劃書可以僅設計封面，底面為白頁；也可以將封面和底面都設計出來。要做就做好，把封面和底面都設計出來當然最好。策劃書底面可以放置以下全部或部分元素：項目名稱、公司地址、聯繫電話、微信公眾號、二維碼、底面設計等。

（4）封面建議採用較硬的材質進行彩印，並使用塑封。

二、通過海選後準備工作

（一）答辯預演

指導老師為自己指導的團隊安排好時間、教室，比賽隊伍準備好 PPT、投影儀、話筒等。

在指導老師僅有一個參賽團隊情況下，比賽團隊在臺上通過 PPT 展示自己的項目，指導老師用該組學生的手機將學生展示環節錄下視頻，記錄學生的體態、表情、展示時的聲音、普通話等；接著向臺上學生提問，學生進行回答。這時指導老師也要將現場答辯過程錄下視頻、記錄問題，並給學生提出建議和指導。

在指導老師有多個參賽團隊情況下，其中一個比賽團隊在臺上通過 PPT 展示自己的項目，其他團隊則在前排觀看；指導老師用該組學生的手機將學生展示環節錄下視頻，記錄學生的體態、表情、展示時的聲音、普通話等；接著臺下其他隊伍向臺上學生提問，臺上學生進行回答。這時指導老師也要將現場答辯過程錄下視頻、記錄問題，並給學生提出建議和指導。其他團隊如此交替進行。

（二）熟悉策劃書及實踐運作情況

每位同學都要熟悉策劃書每一部分細節，做到即問即答。

（三）提前到場熟悉環境

在獲知比賽地點後，應提前到場熟悉環境，將 PPT 拷貝到電腦中，同時啓動投影儀進行試運行，看 PPT 中的圖片、連結、動畫展示效果、視頻播放等能否正常展示。此外，還要根據臺下對 PPT 文字、圖片、投影儀展示效果等的反饋對 PPT 進行調整。

三、答辯 PPT/視頻

(一) 答辯基本內容框架

答辯 PPT 基本應該包含以下內容：

(1) 封面。封面一般包括項目名稱、LOGO、封面圖片，除此以外，還可以在項目組成員、教師名稱、廣告語等這些內容中做出適當選擇和添加，建議多圖、少文字。

「律管家」（原「法寶」項目）的答辯 PPT 背景為自由女神像，封面則展示了項目名稱、團隊成員、廣告語、LOGO，同時，由於「律管家」原名「法寶」，而「法寶」項目在三創賽當中獲得了重慶市一等獎，因此在封面進行了備註（如圖 5-2 所示）。

圖 5-2 「律管家」項目答辯 PPT 展示封面

(2) 目錄（PPT 所要展示的主要內容）（圖 5-3）。

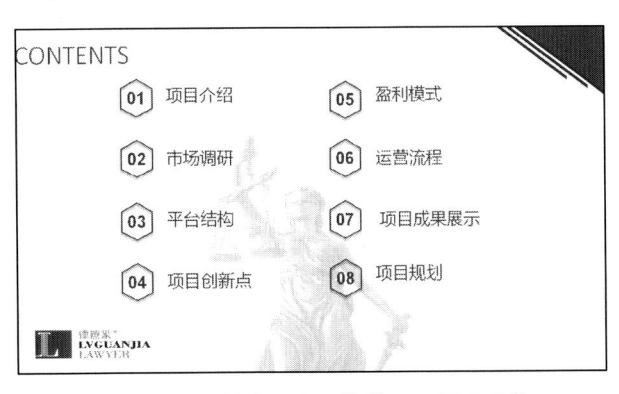

圖 5-3 「律管家」項目答辯 PPT 展示目錄

（3）項目背景。

（4）項目簡介。提前組織好語言，盡量用少量的話讓評委理解你們的項目；如果用視頻進行展示，效果會更好一些。

（5）產品和服務建議用結構圖展示。

（6）創新創意。非常重要。

（7）盈利模式/收入來源。非常重要。

（8）市場調查與分析。

（9）推廣策略。

（10）財務分析與預測。這部分內容可簡要描述，一般情況下評委不會看，但還是要有，評委和投資方對這一塊還是比較關注。

（11）已完成成果。這部分內容可以重點描述，並多用圖展示，盡量將實際成果帶到現場。如網站建設、微信微博公眾號營運等成果可以在現場借助電腦打開網頁，至於 App 製作，可以現場將手機交給各位評委，盡量不要讓評委現場下載安裝，因為安裝要流量，各評委如果手機流量不足就不會下載，致使答辯現場出現些許尷尬；公司建設、產品銷量、合作品牌、宣傳與推廣等成果則可以圖表形式展示，或者登錄帳號進入系統後臺展示。

（12）其他方面。PPT 展示和答辯時最好都站在講臺上；務必著正裝出席；講普通話；評委提問，小組內有成員能回答就盡量回答，因為你們是一個集體。

（二）PPT 製作注意事項

（1）千萬不要在 PPT 中說自己的項目為首創、國內第一個，因為一旦答辯評委瞭解實際情況並不是這樣，這就屬於嚴重的道德誠信問題。

（2）注意顏色對比。確保在 PPT 有背景顏色的基礎上，PPT 中的字體顏色與背景顏色形成視覺對比，防止展示時無法看清；對於重要的內容一定用顏色和字體大小進行區分。關於 PPT 製作，建議大家下載一些商業的 PPT 進行學習。以下是一些下載商業 PPT 的網站，僅供參考：覓知網，網址為 www.51miz.com/；我圖網，網址為 www.ooopic.com。

（3）選用多媒體進行展示，如具有動畫效果的 PPT、視頻等。如果比賽項目已經完成 App 製作、微信公眾號營運、新浪微博帳號建設、淘寶店鋪或其他能使用手機瀏覽的成果，可以用手機錄屏軟件或設備進行錄制，並將各個視頻剪輯為一個包含聲音、文字、項目成果展示等的完整視頻。

如果項目成果為網站、網頁等需要電腦打開的成果，則在比賽現場直接

展示。

①保證 PPT 中關鍵內容現場第五排也能看清，因為有時候 PPT 和評委離得有點遠。
②增加動畫效果。
③不要添加 PPT 聲音，有匯報者聲音就夠了。
④匯報者盡量選非常熟悉項目的負責人，或者是口才、反應靈敏的成員。
⑤匯報的時候，確保每一個動作、語氣甚至眼神都是提前設計好的。

四、各比賽打分參考

各比賽打分標準歷年都不同，但總體上都主要從創新、創業、產品與服務、市場分析與調查、盈利模式、行銷與推廣、方案可行性、實用性、答辯效果、項目營運成果及效果等方面進行打分。總體而言，有實際營運效果如已註冊公司、開設店鋪、有銷售業績、有多個合作企業、有專利和版權等的項目拿獎的可能性更大。打分參考標準如下：①項目概述分析方面。要求簡明、扼要，能有效概括整個計劃；具有鮮明的個性，具有吸引力；有明確的思路和目標；能突出自身特有的優勢。②項目開發創意。要求創意獨特新穎，創新力度大。③贏利模式、經濟及財務狀況。要求贏利模式可行，列出關鍵財務因素、財務指標和主要財務報表，財務計劃及相關指標合理準確。④融資方案和回報。需求合理，估計全面；融資方案具有吸引力。⑤經營管理和運作方案。開發狀態和目標規劃合理，操作週期和實施計劃恰當，在各階段目標合理，重點明確；對經營難度和資源要求分析準確。⑥創業團隊。團隊成員具有相關的教育及工作背景；能力互補且分工合理；組織機構嚴謹；產權、股權劃分適當。⑦市場及競爭分析。市場分析數據完整，市場分析科學、客觀，結合自身項目能準確把握市場發展趨勢；明確競爭對手的優勢和劣勢及公司的優勢。⑧行銷策略。行銷策略有創新，對顧客具有潛在的吸引力，成本及定價合理，行銷渠道順暢，有一定創新。⑨項目可操作性分析。項目、服務或產品的各項分析正確，預算的可行性較高，營運計劃明確。⑩項目附加分。整個計劃書規範，文章前後邏輯緊密，語言流暢，內容全面、系統、科學，對整個經營模式的體系設計創新性高，具有很大的商業價值。

五、答辯注意事項

1. 準備零食

比賽當天隨身帶點零食和水，以防輪到自己團隊上臺的時候餓了或渴了沒精神。

2. 實踐產品展示

其他方面：PPT展示和答辯時最好都站在講臺上；務必著正裝出席；講普通話。

PPT展示環節：除了PPT展示，在下一組就輪到你們的時候，提前做好上臺準備。

電腦展示：如果網站已建設成功，請帶上電腦或者記好網址，匯報的時候要展示。

手機展示：如果有App或者微信公眾號，請其他同學拿手機給評委展示。

成品展示：將所售產品或者成果帶到現場，如將製作的模型、銷售的水果、設計的服裝、設計的寢室牆貼等帶到現場。

3. 時間控制

PPT的內容不可太多，要控制你講的時間，答辯一般都會限制時間，超出時間一般都會扣分，得不償失。

4. PPT匯報完畢喊口號或廣告語

PPT匯報完後，記得響亮地大聲喊出項目或者公司的廣告語，能擺個「pose」更好。

如「法寶App」是一款旨在打造高校法律服務平臺的創意App，給人耳目一新的感覺，最後還留下了讓人受益匪淺的話：「即使不能成為浴火重生的鳳凰，也要在天空留下一抹色彩！」

5. 擺好心態

我們可以看到，在各傳統行業邁入電子商務初期，湧入的創業者和競爭者非常多——分久必合，合久必分，這是創業者在電子商務行業的一個經歷。

比賽只是比賽，比賽的成績不代表你們未來的成績；比賽結束，也不代表你們的創業結束。很多團隊儘管在比賽、立項上獲得了很好的成績，但比賽結束即刻就停止了創業，這只是一次比賽經歷。但對於有些團隊而言，儘管在比賽、立項上獲得的成績不如其他團隊，也許是因為策劃書不足，也許是因為與電子商務的相關性不強。還需要認識到沒有絕對的公平，但你們能做到的就是

努力，把自己做到最好！創業不是給別人看的！是給你們自己看的！要做就做好！比賽只是比賽而已，只是你們創業路上的一個起點。馬雲創業的時候也沒人會相信他能成功，所以千萬不要因為某評委或某老師的意見而懷疑自己。

各位同學，端正心態，人生所有經歷總會有它存在的意義，不是不發光，是在儲存能量，等待時機！

# 第 6 章　基於「互聯網+」的電子商務概論課程實踐環節創新創業與就業能力培養調查研究

一、調查背景與目的

(一) 調查背景

在普通高等學校開展創業教育，是服務國家加快轉變經濟發展方式、建設創新型國家和人力資源強國的戰略舉措，是深化高等教育教學改革、提高人才培養質量、促進大學生全面發展的重要途徑，是落實以創業帶動就業、促進高校畢業生充分就業的重要措施。2016 年，教育部將創新精神、創業意識和創新創業能力作為評價人才培養質量的重要指標，提倡健全創新創業教育課程體系、改革教學方法和考核方式、強化創新創業實踐、改進學生創業指導服務等。2017 年《國務院關於積極推進「互聯網+」行動的指導意見》指出需要充分發揮互聯網的創新驅動作用，以促進創業創新為重點，推動各類要素資源聚集、開放和共享，大力發展眾創空間、開放式創新等，引導和推動全社會形成大眾創業、萬眾創新的濃厚氛圍，打造經濟發展新引擎。

2017 年，麥可思研究院調查發現中國大學生畢業半年後的就業率 2014 屆為 92.1%，2015 屆為 91.7%，2016 屆為 91.6%；而創業情況方面，2013 屆大學生畢業半年後本科生僅有 1.2% 的人自主創業，3 年後有 3.8% 的本科生自主創業。這些數據說明有更多的畢業生在畢業 3 年內選擇了自主創業，大學本科創業教育意義重大。但是，通過調研發現大學生創業遇到的最大困難主要圍繞

著「資金缺乏」「人脈資源不充足」和「缺乏管理經驗」這三方面；對於如何解決主要問題——資金困難，學生的主要選擇是「與合夥人合資」和「向相關金融公司或銀行諮詢」，其次是「向家人借取」。而在創新創業方面，中國高校存在一些主要問題，如：政策支持難以落實，教師理念仍然落後，教學工作停留在心理、技巧、政策等理論指導層面，很少重視創業意識與創新精神的培養，忽視對學生聯想力及潛在利潤敏感力等重要技能的開發，同時師資隊伍的補充停滯，缺少創新創業能力培訓課程等。這不利於調動學生的主動性和創新性，創新創業教育改革刻不容緩。

而電子商務概論課程是電子商務專業一門必修的專業主幹（核心）課程，同時也是國際貿易專業、國際商務專業、網路新媒體專業、信息管理與信息系統等專業的選修課程，一些偏經貿、管理類的院校把這門課程作為公共基礎課程開設，因此學生受眾基數大、影響面較大。作為一門集電子商務、網路信息安全、計算機網路、信息管理與信息系統、物流管理、工商管理、市場行銷學、人力資源、財務會計、通信及專業英語於一體的綜合性、交叉性課程，電子商務概論具有創新創業與就業能力培養的實踐教學環節，有利於鞏固理論知識，將多領域理論知識與電子商務結合，對於培養學生創新、創業、創賽、就業能力具有深遠的意義。

（二）調研目的與樣本

為瞭解 2016—2017 學年以前電子商務概論課程實踐環節針對大學生電子商務創新、創業、就業能力培養方面的現狀與需求，基於「互聯網+」大背景下社會對電子商務課程的需求，製作了「關於對電子商務課程實踐課建設的調查問卷」並進行網路投放。調查內容分為兩部分：一是 2016—2017 學年前電子商務概論課實踐環節現狀，針對前期實踐環節的優劣勢進行分析；二是 2016—2017 學年後學生期待通過電子商務概論課實踐環節改革獲得的創新、創業、就業能力需求。

對電子商務課程建設的前期調查問卷投放網站為問卷星，投放地址為：http：//www.sojump.com/jq/9111554.aspx。問卷收集時間為 2016 年 7 月 21 日至 2016 年 11 月 10 日，本次調查共回收 442 份問卷，通過第 1 題與第 8 題同類型問題設置進行檢測篩選剔除掉 15 份無效問卷，得到 427 份有效問卷。填寫問卷的對象有：重慶工商大學融智學院 2012 級信息管理與信息系統一、二班，2012 級國際貿易一、二班，2013 級信息管理與信息系統專業一、二班，2014 級電子商務班，2013 級國商一、二班，2013 級國貿一、二班，2014 級房產一、

二班，2014級信息一、二班；重慶工商大學2015級電子商務班和2013級電子商務班共71份；重慶師範大學計算機與信息科學學院2015級電子商務班；重慶人文科技學院2013級物流管理班和2014級物流管理班；重慶電子工程職業學院2013級電子商務班、2014級電子商務班和2015級電子商務班。

二、既有電子商務概論課實踐環節現狀調查

（一）專業

對於問卷第1題單選題「你的專業是哪一個」，數據顯示，參與本次調查的學生電商專業占40%，國貿占19%，信管占16%，國商占8%，其他專業則為網路新媒體、現代物流、旅遊管理、工程管理等專業（圖6-1）。

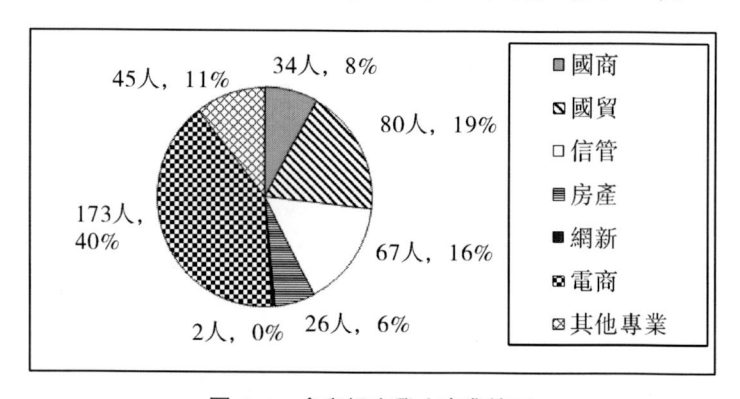

圖6-1　參與調查學生專業情況

（二）學習自覺性

對於問卷第2題單選題「電子商務概論實踐課後，你是否會利用課餘時間學習電商實踐相關知識」，數據顯示，有70%的同學會在課後學習電商實踐相關知識，有30%的同學不會利用課餘時間學習。雖然會利用課餘時間學習的同學占絕大部分，但還是有不少同學未能好好利用，對此應提升同學們對該課程的興趣（圖6-2）。

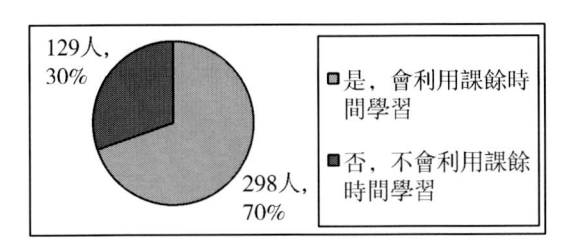

圖 6-2　利用課餘時間學習電商實踐知識自覺性情況

(三) 開課階段

對於問卷第 3 題單選題「你是在哪一個階段學習電子商務概論課程」，數據顯示：在大三就學習了電子商務概論的人的數量最多，占總人數的47％；大四學習的人的數量最少，占總人數的4％；大一、大二就學習過該課程的人的比例分別是15％、34％（圖6-3）。

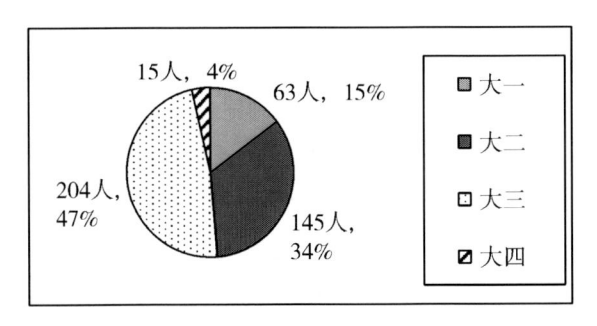

圖 6-3　電子商務概論學習階段

(四) 實踐環節評價

對於問卷第 4 題多選題「你認為電子商務概論實踐環節中，哪些方面設置得比較好」，學生認為該課程實踐環節設置得好的方面主要有：57.6％的學生認為實踐課時設置得比較好；67.68％的學生認為淘寶開店、網路調研這些實踐內容比較好；33.25％的學生認為通過實驗完成度及完成效果這種考核加分方式比較好；54.33％的學生認為創新、創業、就業能力的培養方面比較好；2.58％的學生認為其他方面比較好（圖6-4）。

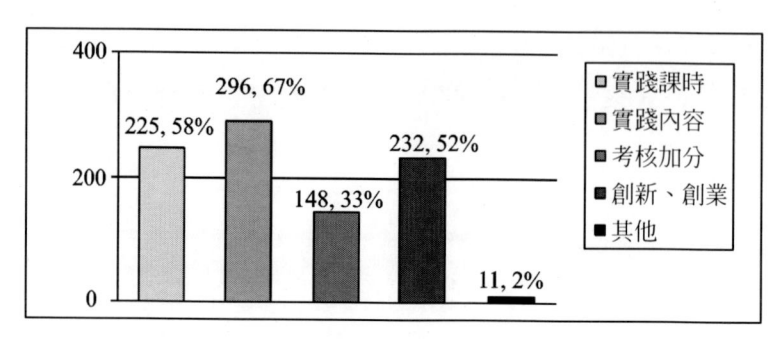

圖 6-4　電子商務概論實踐環節設置得好的方面

(五) 實踐環節不足與潛在問題

對於問卷第 5 題多選題「你認為電子商務概論實踐環節存在哪些不足及潛在問題」，數據顯示：66% 的學生認為難以充分培養電商創新創業就業能力；50% 的學生認為缺乏創新創業就業能力證明材料；45% 的學生認為電子商務概論實踐環節存在電子商務概論課程實踐主題單一問題；其他的問題還有參加相關創新創業比賽時個人能力不足或時間不夠等問題（圖 6-5）。

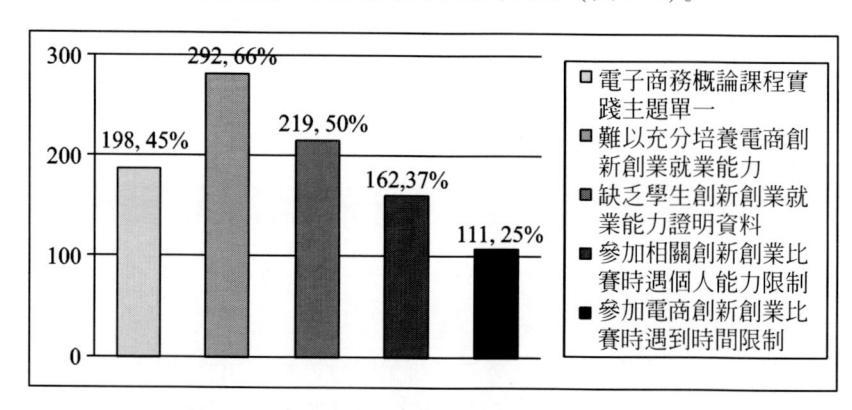

圖 6-5　電子商務概論實踐環節不足及潛在問題

在電子商務概論實踐環節存在哪些不足及潛在問題中，前三個選項針對任課老師對電子商務概論實踐環節創新、創業、創意等的設計，而後兩個選項「參加相關創新創業比賽時遇個人能力限制」「參加電商創新創業比賽時遇時間限制」則針對專業培養方案中對電子商務概論課在學生學習階段的時間安排。通過對該學生參加電商相關創新創業比賽時遇個人能力限制和時間限制在各年級分佈的深入分析，發現很大部分學生從大一到大四均面臨這個問題。其中，大一新生和大四學生由於課程或畢業找工作等原因主要面臨時間限制問

題，大一、大二和大三學生主要面臨個人能力限制問題（圖6-6）。

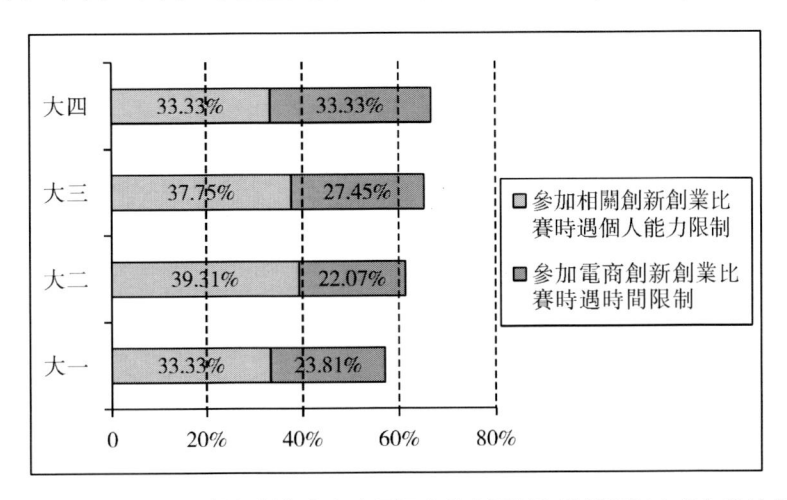

圖6-6 參加電商相關創新創業比賽時遇個人能力限制和時間限制在各年級的分佈

（六）參加三創類比賽或項目的時間盈餘

對於問卷第6題多選題「電子商務概論理論課及實踐課結束後，你是否有時間參加電子商務創新、創意、創業類型的比賽或項目，如電商三創賽、大學生創業比賽、科技創新項目」，數據顯示：在本次調查的427人中有54%的學生有時間參加如電商三創賽、大學生創業比賽、科技創新項目等電子商務創新、創業類型的比賽或項目，46%的學生沒有時間參加（圖6-7）。

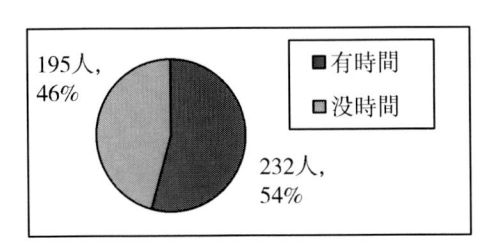

圖6-7 參加電子商務創新、創意、創業類型比賽或項目的時間盈餘情況

如圖6-8所示，在有時間參加電子商務創新、創意、創業類型的比賽或項目的學生中，大一學生39人，占大一學生樣本的61.90%；大二學生92人，占大二學生樣本的63.45%；大三學生95人，占大三學生樣本的46.57%；大四學生6人，占大四學生樣本的40%。大一和大二學生普遍有時間參加三創比賽或項目。

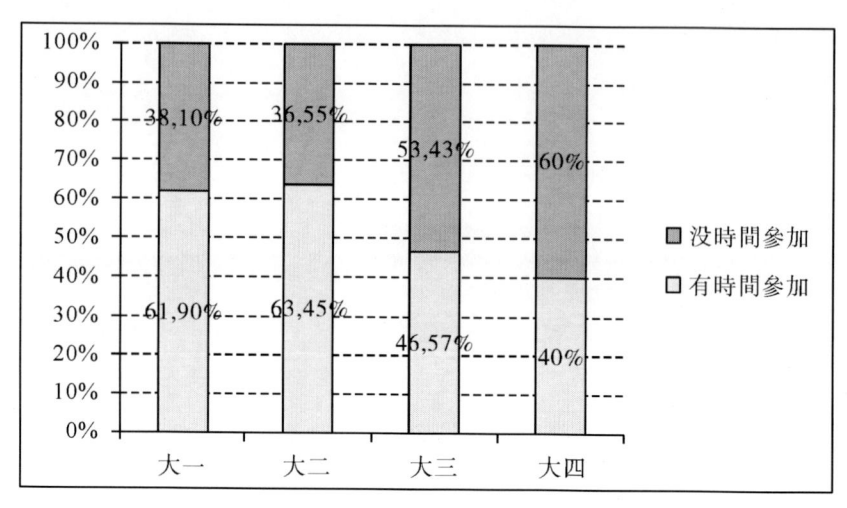

图 6-8　各年級參加電子商務創新、創意、創業類型比賽或項目的時間盈餘情況

(七) 沒時間參加三創類比賽或項目原因

在沒有時間參加電子商務創新、創意、創業類型的比賽或項目的學生中，大一學生 24 人，占大一學生樣本的 38.1%；大二學生 53 人，占大二學生樣本的 36.55%；大三學生 109 人，占大三學生樣本的 53.43%；大四學生 9 人，占大四學生樣本的 60%。大三和大四學生普遍沒有時間參加三創比賽或項目，其原因如圖 6-9 所示。

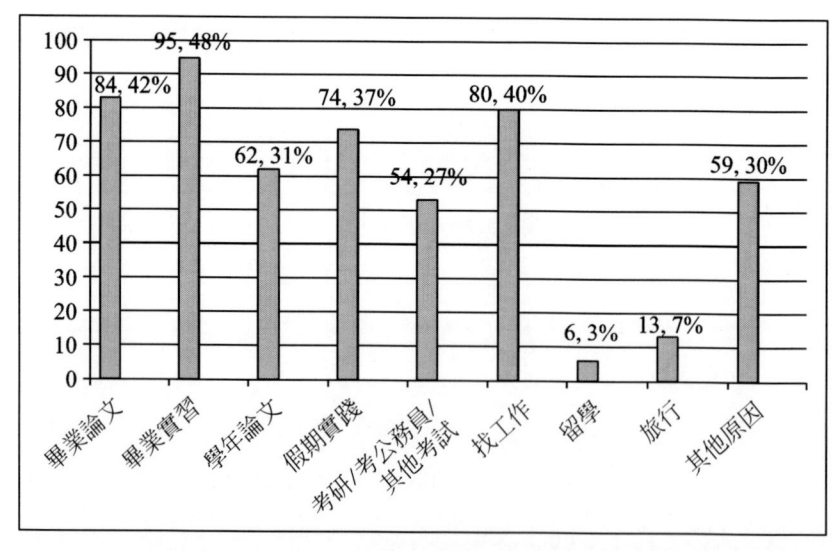

圖 6-9　參加電子商務創新、創意、創業類型比賽或項目時間不足的原因

從圖 6-9 可知，在問卷第 6 題中，有 195 位學生沒有時間參加電子商務創新、創業類型的比賽或項目的原因有忙於畢業論文、畢業實習、學年論文、假期實踐、考研或考公務員/其他考試、找工作、留學、旅行以及其他原因。

問卷第 8 題作為檢驗題與第 1 題相呼應，自動過濾掉亂選的學生，圖 6-10 所示的數據已經為過濾後的數據。參與本次調查的有國商、國貿、信管、房產、網新、電商以及其他專業的學生，分別有 34、80、67、26、2、173、45 人，占總人數的比例分別為 8%、19%、16%、6%、0%、40%、11%。其中電商班人數最多，網新班人數最少。

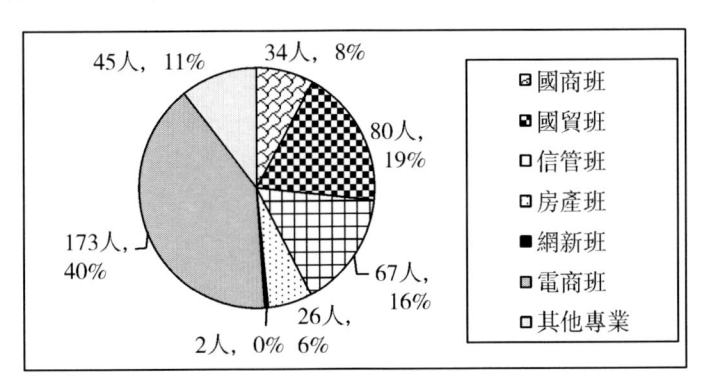

圖 6-10　參與問卷調查專業情況

三、電子商務概論課實踐環節創新、創業與就業能力需求調查

（一）理論與實踐課時偏好

在電子商務概論理論課時和實踐課時分配的比例上，有 14% 的學生認為電子商務概論理論多於實踐比較好，46% 的學生認為理論與實踐一樣多好，40% 的學生更偏向於理論少於實踐好（圖 6-11）。

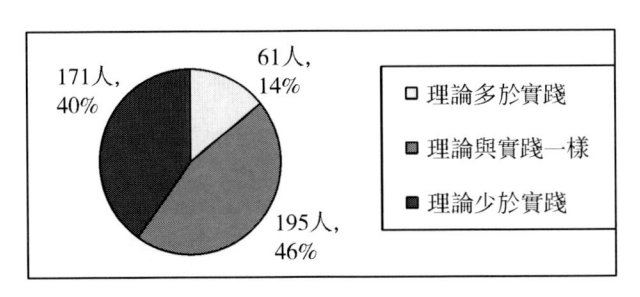

圖 6-11　課時分配比例

第 6 章　基於「互聯網+」的電子商務概論課程實踐環節創新創業與就業能力培養調查研究　147

(二) 學習模式偏好

在學習模式方面，絕大部分學生更喜歡獨立自主學習和小組討論結合的模式，約占本次調查人數的59%；有10%的學生喜歡獨立自主學習；有31%的學生喜歡小組討論合作（圖6-12）。

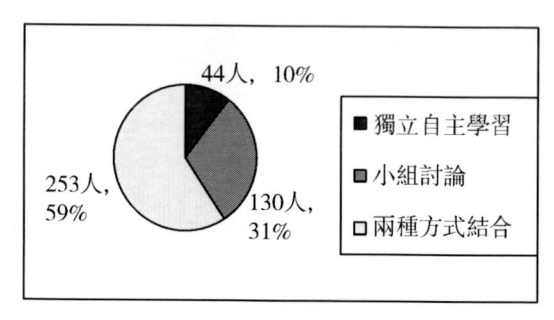

圖6-12　學習模式偏好

結合對學生自覺性調查與學習模式偏好調查發現，學習自覺性較差的129位學生其學習模式偏好如圖6-13所示，其並不偏好獨立學習，而更偏好獨立自主學習與小組討論結合的學習模式，占63%。

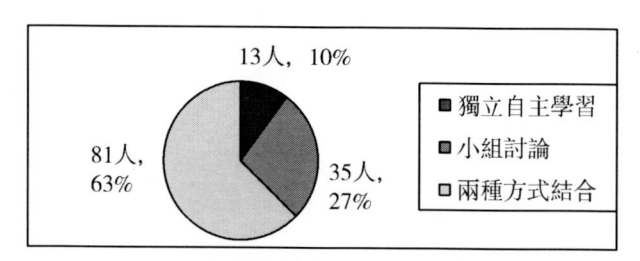

圖6-13　學習自覺性較差的學生學習模式偏好

結合對學生自覺性調查與學習模式偏好調查發現，學習自覺性較好的298位學生其學習模式偏好如圖6-14所示，選擇獨立自主學習模式的學生約占10%，但也仍願意通過小組討論、獨立自主學習的結合方式同其他同學一起學習。

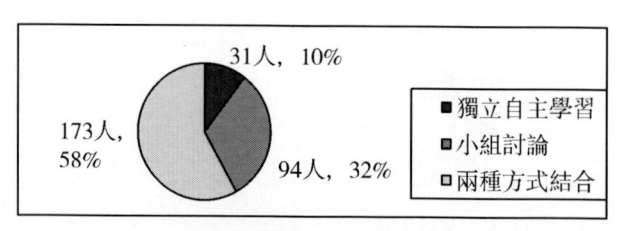

圖6-14　學習自覺性較好的學生學習模式偏好

（三）能力培養需求

如圖 6-15 所示，通過電子商務概論實踐環節改革，學生主要期待獲得的能力——團隊合作協調能力占 74%，靈感創新能力占 67%，自主創業能力占 62%，策劃撰寫能力占 55%，就業競爭力占 53%，比賽獲獎能力占 21%。

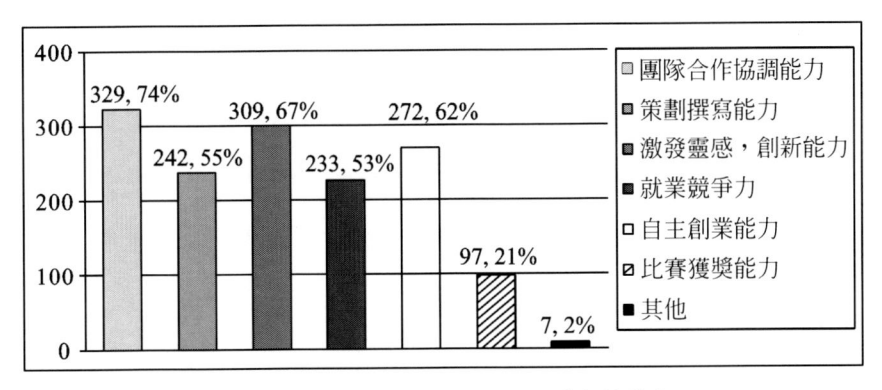

圖 6-15　通過電商實踐改革期望獲得的能力

（四）技能獲得需求

如圖 6-16 所示，學生期待從中獲得的實際操作技能、策劃技能、理論知識技能，分別占的 83%、72%、69%。

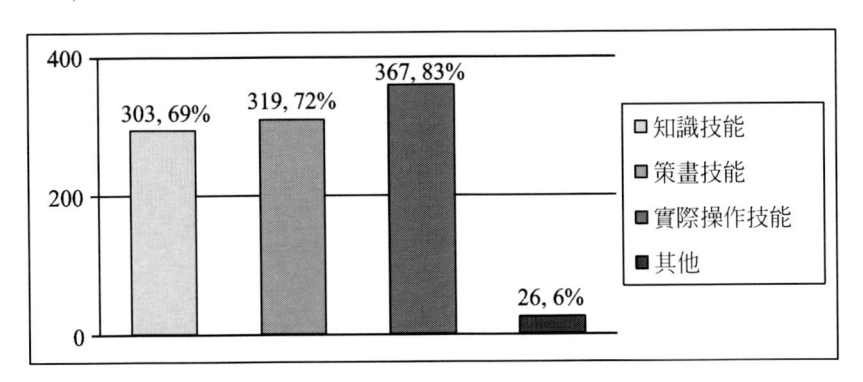

圖 6-16　通過電商實踐改革期望獲得的技能

（五）實踐成果期望

如圖 6-17 可知，學生期望通過《電子商務概論》實踐環節改革獲得的主要實際成果有：一是電子商務相關證書，以更好就業，占 68%；二是能自主創

第 6 章　基於「互聯網+」的電子商務概論課程實踐環節創新創業與就業能力培養調查研究　149

業，爭取盈利，占65%；三是申請科技創新項目，爭取立項，占54%；四是參加相關比賽，爭取獲獎，占51%。

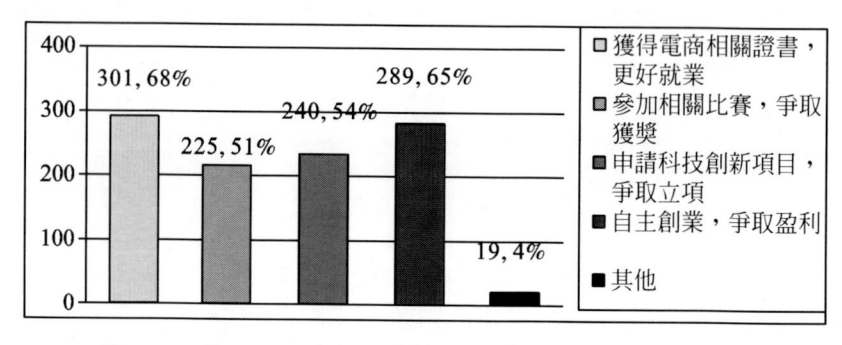

图 6-17 期望通過電子商務概論實踐環節改革獲得的實際成果

四、電子商務概論課實踐環節問題及需求總結

（一）電子商務概論實踐環節問題總結

1. 電子商務概論課在培養方案中學習階段和前期基礎課程安排不合理

如圖6-3所示，電子商務概論課程開設階段主要集中在大三和大二；如圖6-7所示，在本次調查中46%的學生沒有時間參加如電商三創賽、大學生創業比賽、科技創新項目等電子商務創新、創業類型的比賽或項目，其中大三和大四學生所占百分比居多；圖6-6顯示，大一新生和大四學生由於課程或畢業找工作等原因主要面臨參加電商相關創新創業比賽的時間限制問題。而有時間參加這些比賽或項目的學生居多，主要分佈在大一、大二階段；大一、大二和大三學生同時主要面臨個人能力限制問題。因此電子商務概論課在培養方案設計中學習階段安排、前期基礎課程安排不合理。

2. 電子商務概論課程實踐環節課時不足

目前有些專業設置了電子商務概論課，但沒有設置相應的實踐環節。重慶工商大學融智學院電商概論課程實踐方式主要分為兩類：一類電子商務概論課程的理論課與實踐課學時比為4：1；另一類電子商務概論課程的理論課32學時，實踐課16學時，二者之比為2：1。

3. 電子商務概論實踐內容更新慢，實踐主題較單一

目前，大部分電子商務概論課程中，教學內容主要包括電商基礎知識、網站平臺建設基礎知識、網路行銷、網路支付結算、物流配送、客戶關係管理、

電子商務安全技術和法律等綜合理論知識。教材更新速度慢，缺乏創新，配套的實驗輔助資料也相對滯後，教師需要從網路瞭解和吸取最新實踐知識並講授給學生。目前大部分高校及重慶工商大學融智學院電子商務概論課所採用的實踐內容主題主要分為以下兩類。

一是電商實踐主題為信息發布和網路調研。該類型主要在 2014—2015 學年之前採用，實踐細分為 B2B 網站發布供應信息、在 B2C 網站發布供應信息、淘寶開店、行業電子商務狀況調研報告四部分，如表 6-1 所示。

表 6-1　2014—2015 學年以前重慶工商大學融智學院電子商務概論課實踐環節名稱和學時分配

序號	實驗項目名稱	學時數
01	在 B2B 網站發布供應信息	3
02	在 B2C 網站發布供應信息	3
03	淘寶網開設店鋪	3
04	行業電子商務狀況調研報告	3

二是電商實踐主題為淘寶開店和網路調研。該類型主要自 2014—2015 學年起採用，實踐內容以淘寶開店為主。實踐環節細分為網路問卷調查及分析、淘寶開店認證、淘寶店鋪裝飾及產品上傳、淘寶店鋪宣傳及交易模擬四部分；實驗內容以網路調查、淘寶開店為主，為學生必須完成的實驗內容，如表 6-2 所示。但在實際實踐教學過程中，部分同學曾提出能否不以個人建立淘寶店鋪作為實踐環節，而採用其他實踐內容。因此該實踐環節未根據學生個性需求進行設計，無法為學生提供個性化的實踐方案選擇，所以電子商務概論課程實踐環節需要設置多體系的實踐環節供選擇。

表 6-2　2014—2015 學年以後重慶工商大學融智學院電子商務概論課實踐環節名稱和學時分配

序號	實踐環節項目名稱	學時數	必/選開	實驗分
01	實驗一：網路問卷調查及分析	4	必	10
02	實驗二：淘寶開店認證	4	必	2
03	實驗三：淘寶店鋪裝飾及產品上傳	4	必	4
04	實驗四：淘寶店鋪宣傳及交易模擬	4	必	4

4. 電商概論實踐難以充分培養電商創新、創業及就業能力

首先是電商概論實踐與創業就業聯繫普遍不緊密。目前，重慶市各大高校

電子商務概論課程實踐以系統軟件的應用操作為主，學校購買昂貴的電子商務實驗教學系統作為基礎，學生根據實驗操作流程指導手冊上機操作。這與實際商務網站平臺操作差別較大，使學生不能通過真實商業實踐掌握創新、創業、就業技能跟上電商潮流。從實踐課實際上課情況看，大部分為教師在實驗室給學生講解，學生最後提交實踐操作報告作為老師打分依據，教師並沒有完全跟進學生對實踐操作的掌握情況，沒有以實踐操作的成果如發布的信息瀏覽量、成交量、店鋪交易額、調研報告應用情況等為依據進行實踐成績打分。

其次是難以充分培養電商創新、創業及就業能力。①從網路調研實踐看，網路調研內容千篇一律。在教學過程中發現，有些學生直接上網尋找網路問卷，甚至完全抄襲調研報告然後在講臺上展示。這種行為使學生在實踐環節缺乏創新的思考，沒有達到實踐目的。②從淘寶開店實踐課看，針對開設淘寶店鋪有詳細的實踐指導手冊為學生提供按部就班的操作流程，學生的可發揮性僅在於銷售的產品和修圖。然而在實際教學過程中發現：一部分學生銷售的產品多為二手產品，從未對產品圖片進行修飾；還有一部分同學採用建立淘寶店鋪的最簡單方法，借助淘寶助理上傳產品數據包、阿里巴巴一鍵「傳淘寶」功能，不用親自編輯寶貝詳情描述。其次，很多學生淘寶店鋪的交易模擬由同學相互購買幫，賣家僅營運網店，物流訂單管理選擇「無需物流」，缺乏產品營運和電商物流管理經驗。最後，學生以完成教學任務、獲得實驗分為目的，一旦完成獲得實驗分便停止管理店鋪，95.04%的學生的淘寶店鋪長期處於閒置甚至關閉狀態。這些實際表現都不能充分培養學生電子商務創新、創業及就業能力。

5. 缺乏學生創新、創業及就業能力證明材料

①在學生求職階段，可將建立淘寶店鋪的經歷寫進個人簡歷中。儘管有部分學生在實踐期間建立的淘寶店鋪質量非常好，但實踐完成後即停止淘寶店鋪管理，網店處於閒置甚至關閉狀態，一旦招聘者點擊店鋪連結檢驗店鋪質量，就會發現店鋪營運不良，難以證明學生在實踐期間所獲得的創業、就業能力。②由於原來電子商務實踐環節設計主要以千篇一律的網路調研報告、淘寶店鋪作為實踐成果，缺乏創新和創業能力的證明和展示，學生不能採用期間完成的網路調研報告、淘寶店鋪參加當前的電子商務三創賽、大學生創業大賽、科技創新項目等，難以為學生求職帶來實質性影響，因此電子商務概論課程實踐環節急需改革。

6. 重慶工商大學融智學院電商學生參加電商創新創業賽事遇限制

（1）技術能力獲得延遲性限制。根據重慶工商大學融智學院電子商務專

業培養方案專業課時間設計，電子商務概論課設置在第三學期，網路行銷設置在第四學期，電子商務支付與安全、計算機網路、電子商務系統分析與設計等課程卻設置在第五學期，培養學生網站建設能力的網頁設計與網站建設課程設置在第六學期。

（2）參賽時間限制。大四學生已經具備參加電商創新、網路創業大賽等活動的能力，卻因面臨大四假期實踐、學年論文、畢業實習、畢業論文、求職等重要事情而無法參加。因此需要提前培養使電商專業學生能盡早具備參加各類電子商務創新、創業活動的能力，提升對電子商務專業學生的教學質量。

（二）電子商務概論課實踐環節學生需求總結

學生對電子商務概論實踐環節的改革需求主要表現在：①增加實踐課時比例；②獨立自主學習模式與小組討論模式相結合；③通過電子商務概論實踐環節改革增強團隊合作和協調能力、靈感創新能力、自主創業能力、策劃撰寫能力、就業競爭力、比賽獲獎能力等；④能夠通過實踐課取得電子商務相關證書、自主創業、申報科技創新項目或比賽獲獎等實際成果。

五、提出基於創新創業與就業能力需求培養的電子商務概論課程實踐環節設計研究

（一）設計前期專業技術課、後期專業實踐創業課的培養方案

全國大學生電子商務三創賽舉辦時間一般為學年第二學期開學階段，科技創新項目申報時間一般為學年第一學期期末或第二學期開始。因此學生應盡量在這之前打好基礎，做好準備工作；再結合各年級學生課程、找工作、論文等事宜，建議將電子商務概論課程在培養方案中盡量安排在大三上學期。

大一到大二安排專業技術性課程，大三安排專業實踐創業課。將專業技術性課程提前到大三或以前，讓學生在大三以前全面掌握電子商務工程技術與平臺設計方面的知識體系，為他們在大三、大四參與創新型賽事並拿下好成績打好基礎。通過網路行銷類課程設置提升學生行銷與策劃能力；利用圖像設計與處理類課程，進行企業形象設計、廣告海報設計、封面與招貼設計，為後續學生參加設計類比賽做好鋪墊；Java程序設計課設置Java語言、面向對象編程、圖形界面設計、編程技術應用等實踐課，為後續學生製作App打下基礎；通過網頁設計與網站建設課設置創建和編輯網頁、CSS-網頁美化等實踐課，為後續學生網頁製作打下基礎；通過財務管理課為策劃書中公司財務預算及實際

公司營運與管理做好基礎；通過電子商務物流課程設置使學生知道在電子商務環境下如何實現物品的流動。在大三安排專業實踐課如電子商務，甚至申請開設創新創業選修課程——從職業生涯課到創業基礎類課程、金融類選修課程（如「天使資本」「創業融資」「私募股權」）、市場與營運類選修課（如「產品發布」「創業者的市場研究」「電子商務」）等類型。通過設置電子商務等創業實踐類課程，如淘寶開店、豬八戒服務商開店實踐課，使學生處於一個真實的社會創業環境中。

（二）適當增加電子商務概論課程實踐環節課時

若電子商務概論課沒有設置實踐環節課時，則根據實際專業培養情況適當設置實踐環節，如理論課時與實踐課時之比設置為 4：1；若理論課與實踐課課時之比為 4：1，則根據實際專業培養情況適當增加實踐環節課時，如將理論課時與實踐課時之比設置為 2：1。若理論課與實踐課之比為 2：1，可以保持該比例，設置學生課後自學的環節，或者增加 2~3 個實踐課時。

（三）跟進電商前沿，建立學生實踐主題選擇機制

如圖 6-18、圖 6-19 所示，基於學生對創新、創業與就業能力的不同需求，設計出適合學生以實踐目的為導向的實踐環節選擇機制，給予學生更多實踐環節選擇機會。

實踐主體	形式	實踐主題	實踐目的
班級學生	團隊	建立淘寶店鋪	創業能力
	團隊	建立豬八戒服務商店鋪	創新、創業能力
	團隊	製作創新、創業策劃書	創新、創業、比賽技能
	個人	淘寶雲客服基礎培訓	就業能力
	個人	內貿電商基礎人才培訓	就業能力
	個人	跨境電商基礎人才培訓	就業能力

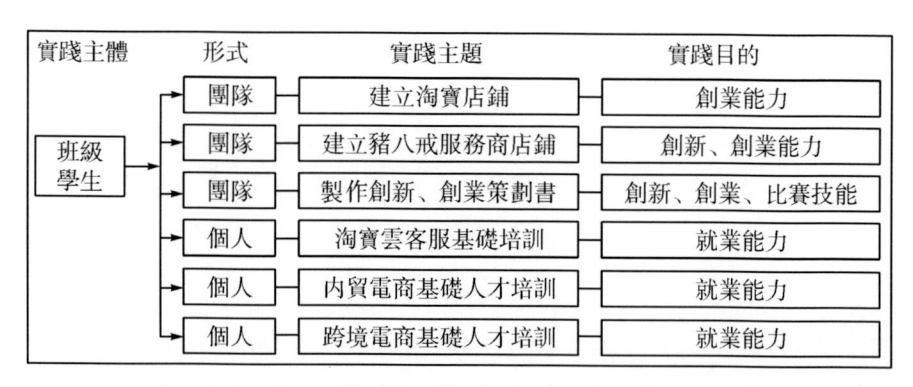

圖 6-18　基於創新、創業與就業能力需求培養的電子商務概論課程實踐主題與目的設計

技能培訓類包括淘寶雲客服基礎培訓、跨境電商基礎人才培訓選項，學生個人可以二選一，並且允許多次報名多次考試直到通過拿到證書為止；因實踐課時間有限，學生也可利用在線視頻課下學習，無時間限制。方案策劃類主要

包括製作創新、創業策劃書，為團隊合作完成。最後一個是實踐操作類，包括建立淘寶店鋪、建立豬八戒服務商店鋪選項，為團隊合作完成。

```
實踐主體 ─── 學生小組
                ┌── 淘寶雲客服基礎培訓
基礎培訓類選項 ──┼── 內貿電商基礎人才培訓
                └── 跨境電商基礎人才培訓
方案策劃類 ─── 製作創新、創業策劃書
                ┌── 建立淘寶店鋪
成果操作類選項 ──┼── 建立豬八戒服務商店鋪
                └── 其他實踐成果
```

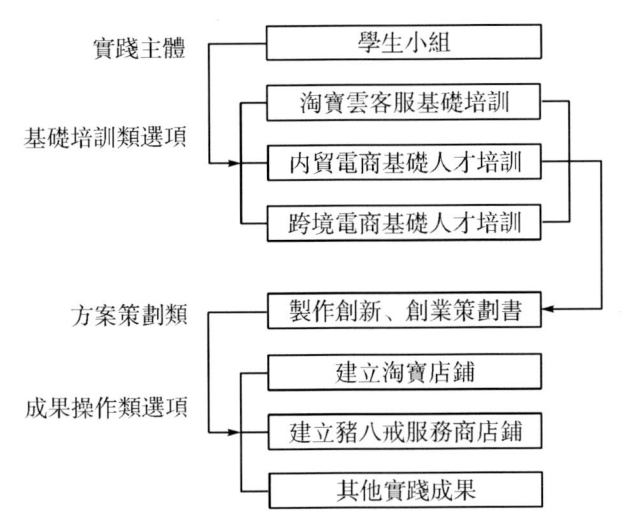

圖 6-19　基於創新、創業與就業能力需求培養的電子商務概論課程實踐流程設計

（四）從技能培訓、方案策劃、實踐操作三項實驗培養電商創新、創業與就業能力

從技能培訓、方案策劃、實踐操作三類實驗項目培養學生的電子商務創新、創業與就業能力。一是技能培訓類，包括淘寶雲客服基礎培訓、跨境電商基礎人才培訓兩個選項。二是方案策劃類，培訓和讓學生實踐完成製作創新、創業策劃書。三是實踐操作類，包括建立淘寶店鋪、建立豬八戒服務商店鋪或其他可行的實踐操作類選項。其電商實踐內容的具體實驗項目如表 6-3 所示。

表 6-3　技能、策劃、實踐能力培訓主題

實踐類型	實踐主題
技能培訓類	淘寶雲客服基礎培訓
	跨境電商基礎人才培訓
方案策劃類	製作創新/創業策劃書
實踐操作類	建立淘寶店鋪
	建立豬八戒服務商店鋪

(五) 真實創業環境和比賽環境背景下以團隊學習模式培養能力

基於淘寶、豬八戒真實創業環境，基於電子商務三創賽、「互聯網+」雙創比賽等，激發學生學習積極性、創業贏利的主動性、比賽獲獎加分的積極性，實驗項目以加分作為前提，根據實踐情況，完成對學生所選實踐主題下各實驗項目的評分。在校園營造創新創業環境，增設大學生創業園、大學微創業聯盟，為創業者提供創業教育、信息交流、資源共享、項目對接、創業指導、項目孵化等全方位的創業服務；創辦「大創」期刊，報導學生創業、創賽、就業等的特色、進展、成果及收穫。同時根據前期對學習模式偏好的調查研究，在技能實踐中以個人學習為主，在策劃和開店實踐中以團隊合作的學習模式進行。

(六) 在建立淘寶店鋪環節發揮各專業優勢，打造電商物流一體化系統

根據前期對學習模式偏好的調查研究，在技能實踐中以個人學習為主，但在策劃和開店實踐中則以團隊合作的學習模式進行，團隊成員可以來自不同專業，但物流作為電子商務的最後一環節直接影響電子商務的實現。因此團隊工作需要依據學生的能力和興趣進行責任分工：成立之初，需確立總經理 1 名，負責全面工作並兼任財務經理；市場部，負責商品採購、業務聯繫、尋找貨源、商務談判、質量檢驗等工作；物流部，負責物流信息收集與分析、物流軟件使用、快遞包裝、產品送貨、貨物丟失防範等業務；客服部，負責客戶服務、客戶郵件回復等工作；行銷部，負責網站維護、圖片處理、行銷推廣、數據後臺管理等工作；其他學生隨機安排工作。在淘寶開店環節，打造商務談判和質量檢驗、產品採購、拍照及修圖、產品發布和維護、行銷推廣、物流配送、客戶服務等電商物流一體化服務系統，如圖 6-20 所示。

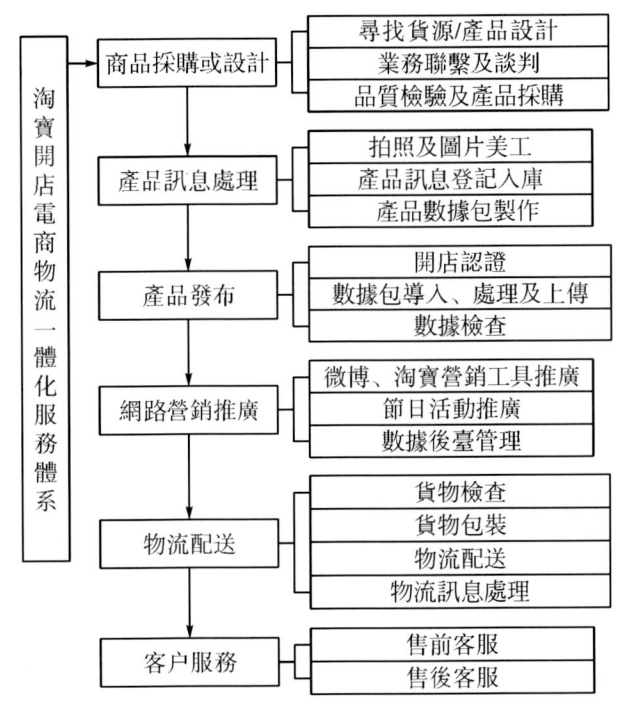

```
淘                   ┌─ 尋找貨源/產品設計
寶    ┌─ 商品採購或設計 ─┼─ 業務聯繫及談判
開    │              └─ 品質檢驗及產品採購
店    │
電    │              ┌─ 拍照及圖片美工
商    ├─ 產品訊息處理 ──┼─ 產品訊息登記入庫
物    │              └─ 產品數據包製作
流    │
一    │              ┌─ 開店認證
體    ├─ 產品發布 ────┼─ 數據包導入、處理及上傳
化    │              └─ 數據檢查
服    │
務    │              ┌─ 微博、淘寶營銷工具推廣
體    ├─ 網路營銷推廣 ─┼─ 節日活動推廣
系    │              └─ 數據後臺管理
      │
      │              ┌─ 貨物檢查
      ├─ 物流配送 ────┼─ 貨物包裝
      │              ├─ 物流配送
      │              └─ 物流訊息處理
      │
      │              ┌─ 售前客服
      └─ 客戶服務 ────┴─ 售後客服
```

圖 6-20　淘寶開店電商物流一體化服務體系構建

六、結語

通過電子商務概論課對學生創新、創業與就業能力進行培養，是個漫長而艱鉅的過程。技能培訓更需要學生課後主動通過網路進行自學；創新創業策劃需要學生熟知電子商務、網路行銷、財務預算、圖像設計與處理等理論知識及其應用，更需要集合全校不同專業背景師資隊伍對學生進行指導；網路開店則需要學生對比和搜索各線下線上批發市場及物流價格等方面的情況。因此該實踐研究需要師生共同努力，長期探索和實踐，以期樹立和培養學生電子商務應用實踐創新意識、團隊創業精神和就業能力。

第 7 章　基於「互聯網+」的電子商務概論課程實踐環節創新創業與就業能力培養改革研究

一、研究內容

本課題的研究包括以下三個方面：

（1）學生對五類實踐主題的選擇機制。如圖 7-1 所示，基於學生對創新、創業與就業能力的不同需求，設計出適合學生以實踐目的為導向的實踐環節選擇機制。

實踐主體	形式	五選一的實踐主題	實踐目的
班級學生	團隊	建立淘寶店鋪	創業能力
	團隊	建立豬八戒服務商店鋪	創新、創業能力
	團隊	製作創新、創業策劃書	創新、創業和比賽技能
	個人	淘寶雲客服基礎培訓	就業能力
	個人	跨境電商基礎人才培訓	就業能力

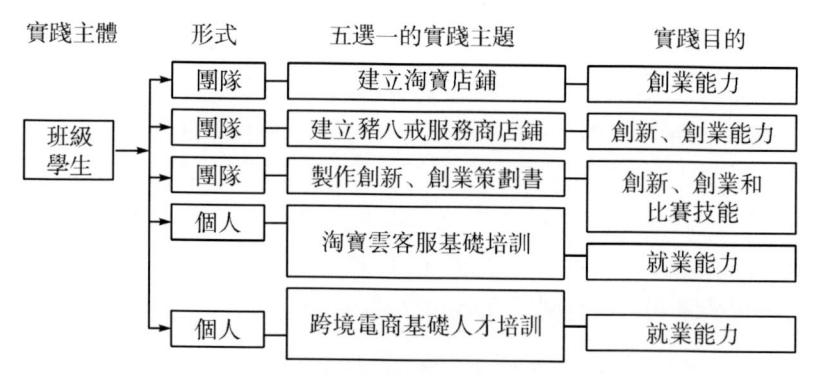

圖 7-1　基於「互聯網+」的電子商務概論課程實踐環節創新、創業與就業能力培養實踐主題與目的設計

（2）技能培訓類包括淘寶雲客服基礎培訓、跨境電商基礎人才培訓選項，學生個人可以二選一，並且允許多次報名多次考試直到通過拿到證書為止，因

實踐課時間有限，學生也可利用在線視頻課下學習，無時間限制。方案策劃類主要包括製作創新、創業策劃書，由團隊合作完成。最後一個是實踐操作類，包括建立淘寶店鋪、建立豬八戒服務商店鋪選項，由團隊合作完成（圖 7-2）。

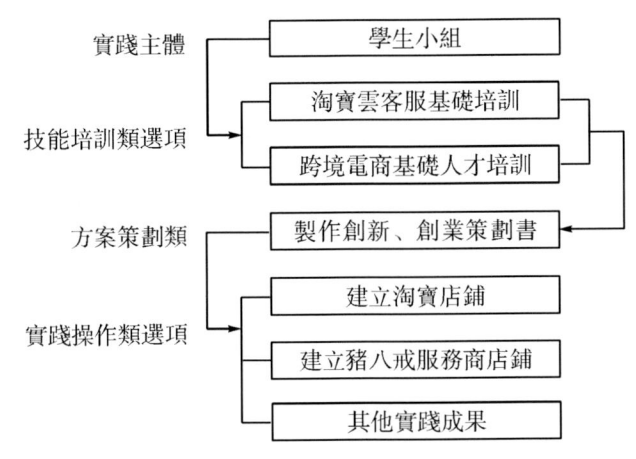

```
實踐主體 ────────→ 學生小組
                 ┌→ 淘寶雲客服基礎培訓
技能培訓類選項 ───┤
                 └→ 跨境電商基礎人才培訓
方案策劃類 ──────→ 製作創新、創業策劃書
                 ┌→ 建立淘寶店鋪
實踐操作類選項 ───┼→ 建立豬八戒服務商店鋪
                 └→ 其他實踐成果
```

圖 7-2 基於「互聯網+」的電子商務概論課程實踐環節創新、創業與就業能力培養實踐流程設計

（3）五類電商實踐主題課程實驗大綱。分別設計出建立淘寶店鋪、建立豬八戒服務商店鋪、製作創新創業策劃書、淘寶雲客服基礎培訓、跨境電商基礎人才培訓五類不同實踐主題的實驗教學大綱，內容主要包括實驗課程簡介、目的與要求、評分標準、實驗指導手冊、具體的實驗項目。這五類電商實踐內容的具體實驗項目如表 7-1 所示。

表 7-1　　　　　　　　　　五類實踐主題的實驗項目

實踐類型	實踐主題	實驗項目名稱	學時	實驗分
技能培訓類選項	淘寶雲客服基礎培訓	1. 雲客服規範類課在線培訓	1	1
		2. 服務及工具類課在線	1	1
		3. 雲客服專業業務課在線	1	1
		4. 在線報名及網路認證考試	1	1
	跨境電商基礎人才培訓	1. 跨境貿易知識基礎在線培訓	1	1
		2. 國際貿易知識基礎在線培訓	1	1
		3. 電商平臺建設與營運在線培訓	1	1
		4. 在線報名及網路認證考試	1	1

表7-1(續)

實踐類型	實踐主題	實驗項目名稱	學時	實驗分
方案策劃類	製作創新、創業策劃書	1. 確定創新、創業主題及框架結構	2	2
		2. 網路問卷調查及分析	2	4
		3. 撰寫創新、創業策劃書初稿	2	3
		4. 完成創新、創業策劃書終稿	2	3
實踐操作類選項	建立淘寶店鋪	1. 淘寶開店認證	2	2
		2. 產品拍照及修圖處理	2	8
		3. 產品上傳及店鋪裝修	2	4
		4. 電子商務交易模擬及物流訂單處理	2	4
	建立豬八戒服務商店鋪	1. 豬八戒服務商開店認證	2	2
		2. 店鋪LOGO設計及店鋪資料完善	2	4
		3. 發布服務	2	4
		4. 豬八戒各任務投標	2	8

（4）五類實踐主題課程效果評分標準。研究以實驗加分作為前提，根據實踐情況，完成對學生所選實踐主題下各實驗項目的評分標準。

（5）對學生能力培養效果的評判。在學生完成所選實踐主題所有實驗項目後，對學生創新、創業與就業能力培養效果進行評分。

二、研究目標

本課題的總體目標是結合重慶工商大學融智學院人才培養定位，通過電子商務概論課程提前培養學生創新、創業與就業能力，主要包括：

（1）構建基於「互聯網+」的電子商務概論課程實踐環節創新、創業與就業能力培養學生選擇機制。

（2）設計淘寶店鋪、建立豬八戒服務商店鋪、製作創新創業策劃書、淘寶雲客服基礎培訓、跨境電商基礎人才培訓五類電商實踐主題課程實驗大綱。

（3）研究分析學生在淘寶店鋪、建立豬八戒服務商店鋪、製作創新創業策劃書、淘寶雲客服基礎培訓、跨境電商基礎人才培訓五類不同電商實踐主題中獲得的實驗分評定標準。

（4）構建淘寶店鋪、建立豬八戒服務商店鋪、製作創新創業策劃書、淘寶雲客服基礎培訓、跨境電商基礎人才培訓五類不同電商實踐主題對培養學生創新、創業與就業能力效果的評價指標體系。

（5）運用模糊綜合評價法，採用基本實踐數據、淘寶交易/豬八戒中標/參賽/立項/考證等數據研究分析該課題實踐對於培養學生創新、創業與就業能力所取得的總體效果水準。

三、擬採用的研究方法

1. 文獻研究法

通過對大學生電子商務創新創業能力培養、以就業創業為導向的電子商務課程改革、電子商務概論實踐改革等相關文獻的研究，尋找研究點。

2. 頭腦風暴法

運用小組智慧和實踐經驗，建立學生在五類不同實踐主題中的實驗分評分標準，構建五類電商實踐主題對培養學生創新、創業與就業能力效果評價指標體系。

3. 模糊綜合評價法

運用模糊綜合評價法，採用淘寶店鋪交易、豬八戒中標、參賽、項目立項、考試認證等實踐數據分析該課題實踐對於培養學生創新、創業與就業能力所取得的總體效果水準，以及這五類不同電商實踐主題分別獲得的效果。

4. 調查法

調查分為三部分。

一是通過網路調查分析重慶工商大學融智學院曾學習過電子商務概論課程的學生對電商概論實踐環節的問題；

二是調查重慶工商大學融智學院學生對通過電商概論實踐環節獲得創新、創業與就業能力和成果的需求；

三是通過電商教改實踐完成後詢問、調查，獲得學生本次電商概論課程實踐改革期內建立的淘寶店鋪之後的交易情況、豬八戒服務商店鋪所獲得的商業情況、將創新創業策劃書用作實際商業用途情況、用作創新創業比賽情況、所獲得的阿里巴巴電子商務人才認證和就業情況等。

研究技術路線如圖 7-3 所示。

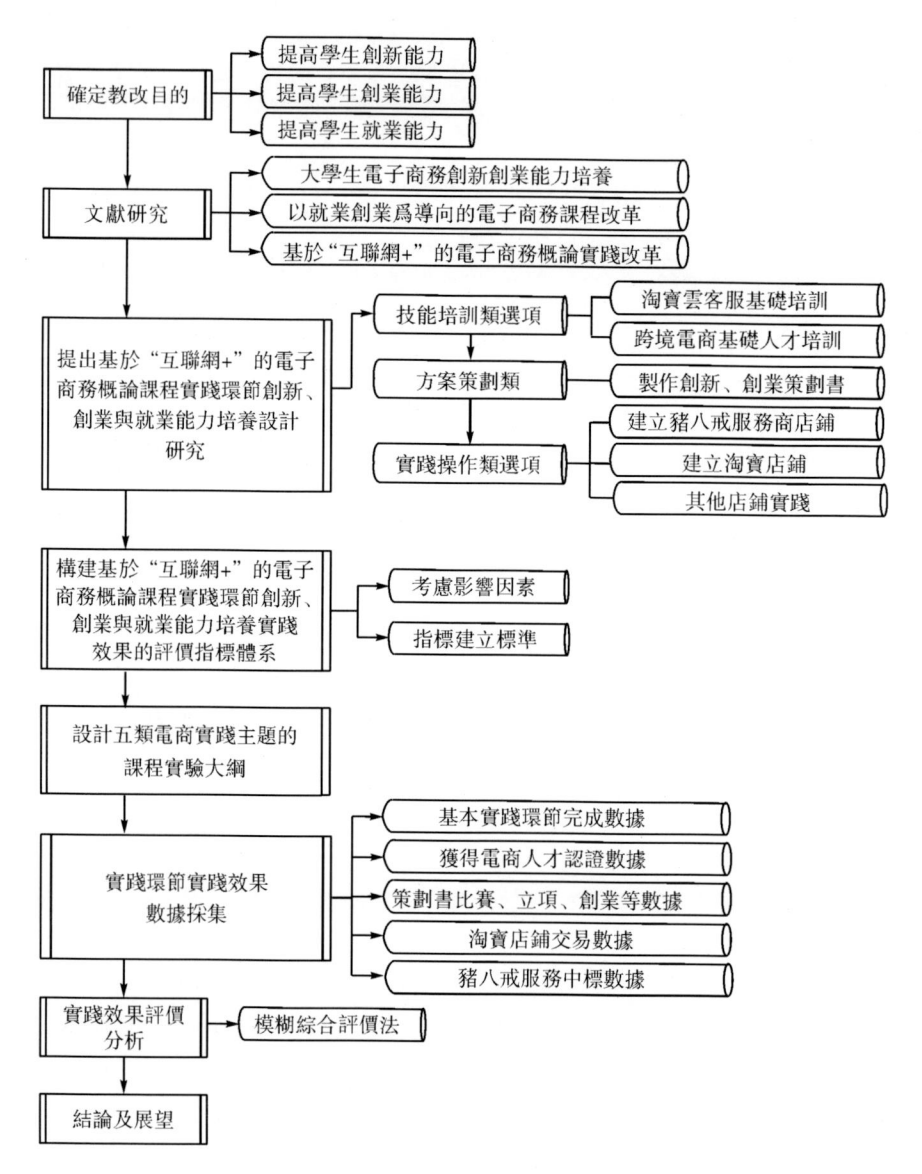

圖 7-3 研究技術路線圖

四、主要特色

1. 教改觀點創新

本課題設計五類電子商務教學實踐主題供學生選擇一項，滿足學生對創

新、創業與就業能力的不同需求。

2. 研究方法創新

基於模糊綜合評價法，對這五類不同電商實踐主題取得的實踐效果分別進行評價。對通過本次電子商務概論課程實踐改革所取得的培養學生創新、創業與就業能力效果進行總的評價。

五、實踐條件提要求

1. 學時調整

將理論課、實踐課的學時從 32：16，即 2：1 調整為 24：24，或其他比例，加強實踐。因此需要教務處、物流工程學院、電子商務教研室合作完成。

2. 導師帶領制

在實踐類型方案策劃類、實踐操作類中，因創新創業策劃類實踐需要教師對學生團隊進行一一指導才能有更好的成績，但實踐課只配有一位老師，其指導精力有限，需要各學生團隊找其他有經驗的老師作為指導老師帶領和幫助他們。一方面，該老師引導學生完成課堂內電子商務創新創業策劃類實踐；另一方面，在此後的大學生電子商務創新創業等比賽中學生也一直以該老師作為指導老師，該老師享有教學成果。

第 8 章 基於「互聯網+」的電子商務概論課程實踐環節創新創業與就業能力培養實踐改革運行機制與過程

結合 2016—2018 年的實踐過程及思考，總結出基於「互聯網+」的電子商務概論課程實踐環節創新、創業與就業能力培養實踐改革的運行機制與過程，供其他高校電子商務概論實踐課改革及其他課程實踐改革參考。

一、基於「互聯網+」的電子商務概論課程實踐運行流程

電子商務概論實踐課中，任課教師和課代表主要負責課程指導和數據收集，上課學生則按照實驗大綱、實驗手冊和教師指導要求完成實踐和提交實踐數據。

（一）電子商務概論實踐課任課教師及課代表工作流程

電子商務概論實踐課任課教師及課代表工作流程為：任課教師選定課代表→課代表收集學生分組名單→任課教師進行技能培訓→技能培訓類實踐效果數據收集→任課教師講解方案策劃類實踐課→方案策劃類實踐效果數據收集→任課教師進行網路開店操作類實踐課講解→網路開店類實踐效果數據收集。具體流程如圖 8-1 所示。

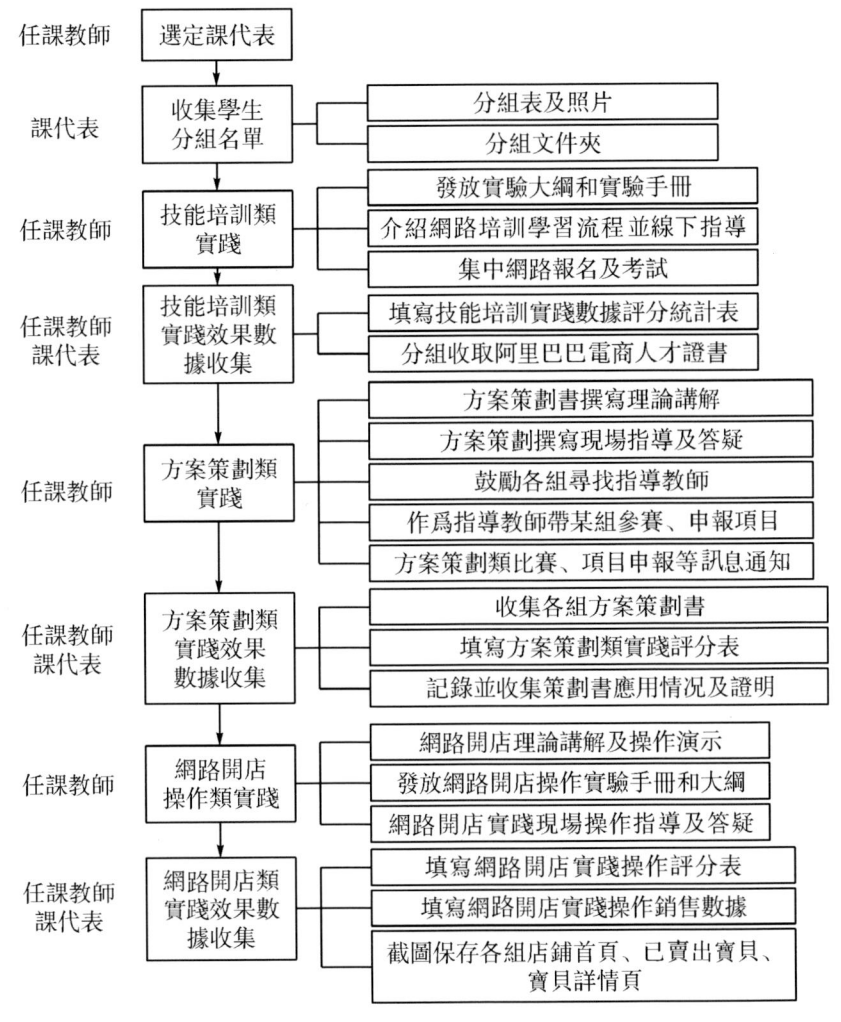

```
任課教師 ──→ 選定課代表

課代表 ──→ 收集學生分組名單 ──┬── 分組表及照片
                              └── 分組文件夾

任課教師 ──→ 技能培訓類實踐 ──┬── 發放實驗大綱和實驗手冊
                              ├── 介紹網路培訓學習流程並線下指導
                              └── 集中網路報名及考試

任課教師 ──→ 技能培訓類實踐效果數據收集 ──┬── 填寫技能培訓實踐數據評分統計表
課代表                                     └── 分組收取阿里巴巴電商人才證書

任課教師 ──→ 方案策劃類實踐 ──┬── 方案策劃書撰寫理論講解
                              ├── 方案策劃撰寫現場指導及答疑
                              ├── 鼓勵各組尋找指導教師
                              ├── 作爲指導教師帶某組參賽、申報項目
                              └── 方案策劃類比賽、項目申報等訊息通知

任課教師 ──→ 方案策劃類實踐效果數據收集 ──┬── 收集各組方案策劃書
課代表                                     ├── 填寫方案策劃類實踐評分表
                                           └── 記錄並收集策劃書應用情況及證明

任課教師 ──→ 網路開店操作類實踐 ──┬── 網路開店理論講解及操作演示
                                  ├── 發放網路開店操作實驗手冊和大綱
                                  └── 網路開店實踐現場操作指導及答疑

任課教師 ──→ 網路開店類實踐效果數據收集 ──┬── 填寫網路開店實踐操作評分表
課代表                                     ├── 填寫網路開店實踐操作銷售數據
                                           └── 截圖保存各組店鋪首頁、已賣出寶貝、寶貝詳情頁
```

圖 8-1　電子商務概論實踐課任課教師及課代表工作流程

1. 選定課代表

　　首先選定課代表。課代表可由教師指定，也可由學生自願申請，而自願申請的效果為優。選定原則是：認真、踏實、勤勞、細心、善於反饋。

　　教師在選定課代表之後告知其學生，在平時成績裡給予一定加分以示鼓勵。

　　課代表數量建議1個小班2名，不同課代表負責班級不同小組的數據收集，並在分組表上寫上課代表姓名和聯繫方式。如：一個小班共42名學生，共分為10組，其中1至5組A課代表負責，6至10組B課代表負責。

2. 課代表收集學生分組名單

接下來由課代表收集 Word 格式小組名單，甚至可收集小組照片。

製作小組分組名單時，可設置小組加分項用以記錄小組回答問題加分情況，設置小組減分項用以記錄小組遲到、曠課、早退等情況。

課堂出席分和問題回答分以小組為單位，實行捆綁策略。當小組內任意一位成員上課回答問題正確加分時，小組所有成員均加分，任意一位成員因上課遲到、曠課等情況扣分時，小組所有成員均扣分。

為認識更多同學，以及防止點名時同學幫忙回答，建議收集小組內各成員大頭照，每張照片附上學生姓名，並打印出來，點名時即可看照片點名，然後對照真人確認。

3. 任課教師進行技能培訓

技能培訓共有三大類，包括淘寶雲客服基礎培訓、內貿電商基礎人才培訓、跨境電商基礎人才培訓。由於培訓內容眾多且需要登錄網站進行學習，因此教師需要提供以下信息並做好相關工作：學生培訓地址 http://peixun.alibaba.com，技能培訓三選一，然後進行網路自學；網路報名渠道 https://peixun.alibaba.com/activity/ydhj.php；發放技能培訓實驗大綱和實驗手冊；告知在線考試注意事項——不能離開當前考試頁面，否則系統視作「作弊」並以零分處理；告知評分標準及證書下載方式。

4. 技能培訓類實踐效果數據收集

電子商務概論行課期間技能培訓類效果數據用於評定學生實踐分，從而給期末成績評定提供依據。這類數據包括阿里巴巴雲客服、內貿電商、跨境電商三類課程的相關數據。在電子商務概論行課期間根據完成情況填寫統計表，其中「在線報名及網路認證考試」指的是報名考試通過、獲得證書、提交了證書，只要最後提交了考試獲得的證書，該技能培訓實踐分即為滿分 5 分，如表 8-1、表 8-2、表 8-3 所示，打分標準見實驗手冊和實驗大綱。

表 8-1　電子商務概論行課期間淘寶雲客服基礎培訓實驗數據統計表

姓名	實驗1：雲客服規範類在線培訓（1分）	實驗2：服務及工具類在線培訓（1分）	實驗3：雲客服專業業務（1分）	實驗4：在線報名及網路認證考試（2分）	網路認證考試報名情況（報名/未報名）	網路認證考試通過情況（通過/未通過）
張三						

表 8-2　電子商務概論行課期間內貿電商人才基礎培訓實驗數據統計表

姓名	實驗1：開店準備篇在線培訓（1分）	實驗2：誠信通基礎操作篇在線培訓（1分）	實驗3：流量推廣篇在線培訓（1分）	實驗4：在線報名及網路認證考試培訓（2分）	網路認證考試報名情況（報名/未報名）	網路認證考試通過情況（通過/未通過）
張三						

表 8-3　電子商務概論行課期間跨境電商人才基礎培訓實驗數據統計表

姓名	實驗1：跨境貿易知識基礎在線培訓（1分）	實驗2：國際貿易知識基礎在線培訓（1分）	實驗3：電商平臺建設與營運在線培訓（1分）	實驗4：在線報名及網路認證考試培訓（2分）	網路認證考試報名情況（報名/未報名）	網路認證考試通過情況（通過/未通過）
張三						

5. 任課教師講解方案策劃類實踐課

（1）講解電子商務創新、創意與創業選題來源

方案策劃實踐課第一步是講解電子商務創新、創意與創業選題來源。詳見本書第2章。

（2）策劃書框架結構及內容撰寫案例講解

接下來交代策劃書框架結構，主要包含以下內容：項目概要、公司描述、產品與服務、盈利模式、市場及發展介紹、競爭分析與風險控制、營運與推廣、財務分析。在此基礎上以收集的策劃書作為案例進行講解。詳見本書第3章。

（3）說明電子商務創新、創意與創業策劃書可應用範圍

最後告知策劃書提交要求以及策劃書的應用範圍。在「創新、創意與創業」中能創新、創意已是成果，若能繼續做到「創業」就錦上添花。一般而言該類策劃書主要用於參加全國大學生電子商務創新、創意與創業大賽奪獎，參加「互聯網+」大學生創新創業大賽暨全國大賽奪獎，申報大學生科技創新項目立項，申報大學生創新創業訓練計劃項目立項，入駐創業園，開設網路店鋪，開設實體店，網站建設，公司註冊，入駐創業園，App建設，專利申請，模型製作，版權申請，設計稿等。

6. 方案策劃類實踐效果數據收集

方案策劃類實踐效果數據收集分為兩個階段：第一個階段是電子商務概論實踐課行課期間，第二個階段是電子商務概論實踐課行課結束後的第二個、第三個、第四個學期。

（1）電子商務概論行課期間方案策劃類實踐效果數據收集

電子商務概論行課期間方案策劃類效果數據用於評定學生實踐分，為期末成績評定提供依據。具體數據如表 8-4 所示。

表 8-4　電子商務概論行課期間創新創業策劃書製作實驗數據統計表

小組	實驗1：策劃書主題及框架（2分）	實驗2：問卷調查完成情況（3分）	實驗3：策劃書初稿完成情況（3分）	實驗4：策劃書定稿完成情況（4分）
成員姓名				

（2）電子商務概論行課結束後方案策劃類實踐追蹤效果數據收集

為探尋方案策劃類實踐改革效果，還需在電子商務概論行課結束後的 0~2 年時間進行追蹤查詢，並取得相關追蹤效果證明，主要數據包括：參加各類電子商務或「互聯網+」創新、創意與創業比賽獲獎信息及證明，申報創新、創意與創業相關項目立項信息及證明，入駐大學生創業園或孵化園的情況，註冊開辦公司情況及營運、收入情況，獲得扶持資金或獎勵金額等數據。在數據收集的時候，除了收集證明以外，建議製作如表 8-5 所示的 Excel 統計表進行數據記錄。

表 8-5　電子商務概論行課結束後方案策劃類實踐追蹤效果數據表

學年和學期	班級	小組成員	指導老師	項目名稱	策劃書應用於參賽、立項情況	等級	獲獎/立項備註	獲得資金扶持(A)、獎勵(B)、註冊資金(C)	金額（元）	證明照片是否已放在各班文件夾內	項目收入（元）
2017—2018學年第1學期	2016屆電商1班和2班	譚靖杰（2016屆電商）、魯婷婷（2016屆工業工程）、李婷源（2016屆工業工程）、歐美餘（2016屆國貿）、劉明熙（2016屆工業工程）	陳鏡羽	未來GO人才培養	2.入駐重慶工商大學融智學院大學生創業園	校級	校級	A	0	是	—
				未來GO人才培養	2.第八屆全國大學生電子商務「創新、創意及創業」挑戰賽校級賽	校級	校級/三等獎	B	200	是	—
				未來GO人才培養	2.第八屆全國大學生電子商務「創新、創意及創業」挑戰賽重慶市比賽	重慶市	重慶市/三等獎	B	0	是	—
				重慶蔚萊鵬飛網路科技有限公司	3.註冊公司：重慶蔚萊鵬飛網路科技有限公司	重慶市	395,564	C	2,000,000	是	134,000

7.任課教師進行網路開店操作類實踐課講解

網路開店操作類實踐課內容主要包括擬銷售產品選擇、開店認證、詳情頁圖片編輯、寶貝標題撰寫理論講解以及產品發布現場操作演示。

8.網路開店類實踐效果數據收集

電子商務概論行課期間網路開店實踐操作類效果數據用於評定學生實踐分,為期末成績評定提供依據。具體情況如表 8-6 和表 8-7 所示,打分標準和比例分配各位老師可以自行修改。行課期間統計的開設淘寶或其他店鋪的實踐數據主要為開店認證、產品拍照及修圖處理、產品上傳及店鋪裝修、電商交易及物流訂單處理實踐所獲得的分數。電子商務概論行課期間若選擇開設豬八戒店鋪,則需統計的是開店認證、店鋪資料完善、服務產品發布、投標及中標情況、中標服務類型、中標金額等中標信息,其他數據則是賣家售中寶貝頁面圖、賣家已售出寶貝頁面圖、店鋪首頁圖等證明材料。

表 8-6　電子商務概論行課期間淘寶或其他店鋪建立實驗數據統計表

小組	實驗1:開店認證分數(2分)	實驗2:產品拍照及修圖處理(2分)	實驗3:產品上傳及店鋪裝修(2分)	實驗4:電商交易模擬及物流訂單處理(2分)	交易量(個)	交易額(元)	網店平臺	店鋪地址	產品類型
成員姓名									

表 8-7　電子商務概論行課期間開設豬八戒店鋪實驗數據統計表

| 小組 | 實驗情況打分 |||| 店鋪數據 || 中標詳情 ||| 中標匯總 ||
	實驗1:豬八戒服務商開店認證分數(2分)	實驗2:創建店鋪及資料完善(1分)	實驗3:發布服務及店鋪裝修(2分)	實驗4:豬八戒任務投標(3分)	豬八戒服務店連結地址	服務/產品類型	中標任務地址	任務稿件編號	中標類型	中標金額	中標金額匯總(元)	服務任務中標數量匯總(個)
成員姓名												

表 8-8 為電子商務概論網路開店實踐數據統計通用 Excel 表,除記錄實踐分以外,還能記錄店鋪地址、產品地址、交易金額匯總等信息。在實踐過程中,部分學生可能選擇將閒魚等二手平臺作為網路開店平臺,由於 PC 端不能記錄和查詢學生店鋪銷售情況,因此可用手機記錄開店所用閒魚帳號,截圖作為證明,並記錄銷售情況。

表 8-8　電子商務概論網路開店實踐數據統計通用 Excel 表

小組	選擇的網絡開店平臺	實驗1：淘寶開店認證分數(2分)	實驗2：產品拍照及修圖處理(2分)	實驗3：產品上傳及店鋪裝修(2分)	實驗4：電商交易模擬及物流訂單處理(2分)	淘寶店鋪地址	主營產品類型	賣出產品地址(淘寶鏈接)	賣出產品類型	交易量(個)	交易金額(元)	銷售額(單項產品匯總)	證明照片是否已放在文件夾內(檢驗用)	交易總金額(元)
成員姓名														

(二) 電子商務概論實踐課學生實踐流程

電子商務概論實踐課學生實踐流程為：學生分組→參加技能培訓實踐→提交技能培訓類實踐效果數據及證明→參加方案策劃類實踐→方案策劃書應用→提交方案策劃書應用效果證明→參加網路開店操作類實踐→提交網路開店類實踐效果數據及證明。具體流程如圖8-2所示。

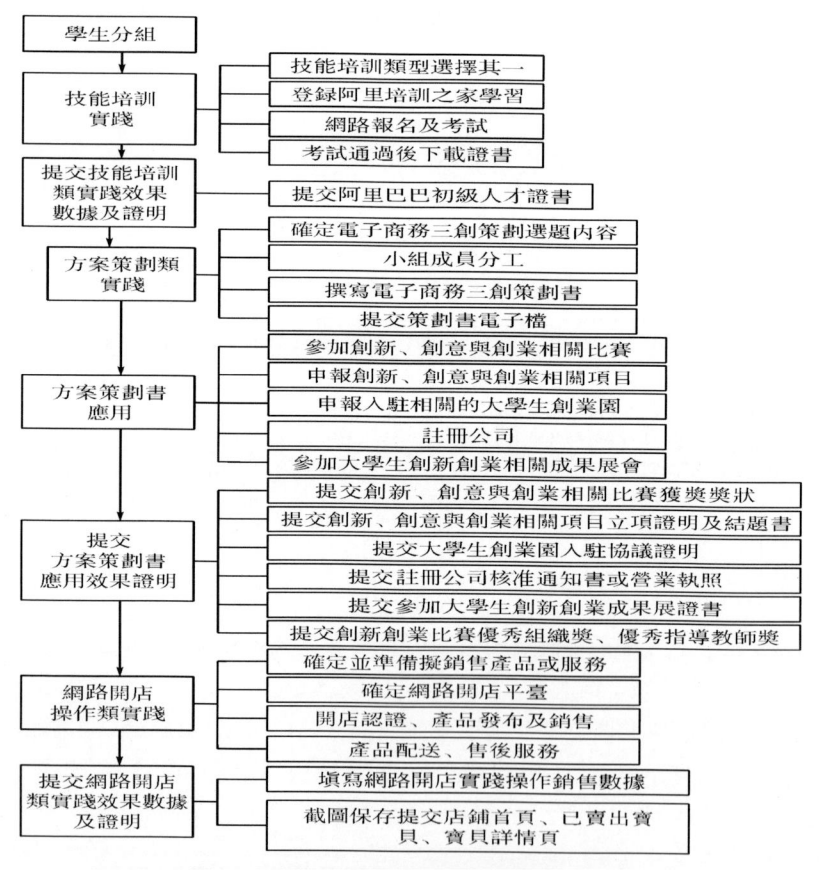

圖 8-2　電子商務概論實踐課學生實踐流程

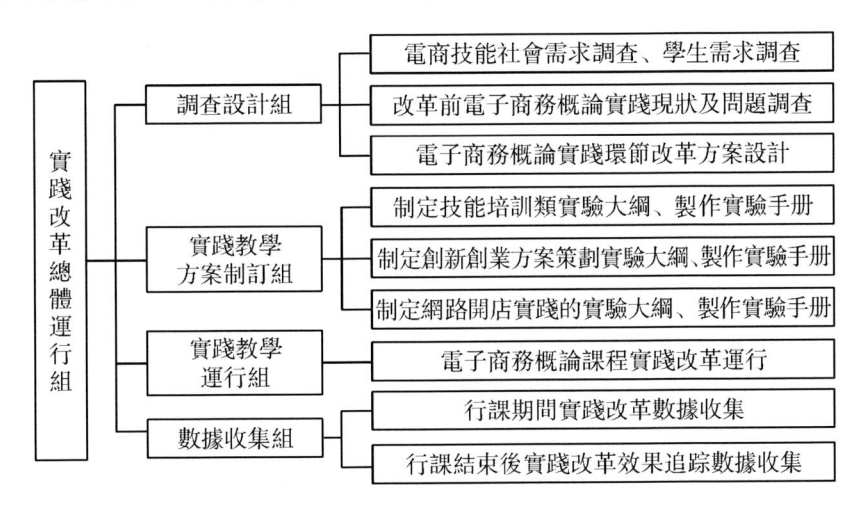

二、實踐改革總體運行組

實踐改革總體運行組分為調查設計組、實踐教學方案制訂組、實踐教學運行組和數據收集組四部分,如圖8-3所示。

```
實踐改革總體運行組
├── 調查設計組
│   ├── 電商技能社會需求調查、學生需求調查
│   ├── 改革前電子商務概論實踐現狀及問題調查
│   └── 電子商務概論實踐環節改革方案設計
├── 實踐教學方案制訂組
│   ├── 制定技能培訓類實驗大綱、製作實驗手冊
│   ├── 制定創新創業方案策劃實驗大綱、製作實驗手冊
│   └── 制定網路開店實踐的實驗大綱、製作實驗手冊
├── 實踐教學運行組
│   └── 電子商務概論課程實踐改革運行
└── 數據收集組
    ├── 行課期間實踐改革數據收集
    └── 行課結束後實踐改革效果追蹤數據收集
```

圖8-3 實踐改革總體運行組

(一)實踐方案組

調查設計組主要工作為:①社會對電子商務相關專業學生的技能需求情況及學生自身希望通過電子商務概論課程獲得的技能需求情況進行調查。②實踐改革前電子商務概論實踐環節的現狀及問題調查。③電子商務概論課程實踐環節的改革方案設計。

(二)實踐教學方案制訂組

實踐教學方案制訂組的任務主要是制定課程所需的實驗大綱和製作實驗手冊,包括:①制定技能培訓類的實驗大綱,製作實驗手冊,包括阿里巴巴跨境電商基礎人才培訓、阿里巴巴內貿電商基礎人才培訓、淘寶雲客服電商基礎人才培訓三類實踐選項的實驗大綱和實驗手冊。②制定創新創業方案策劃實驗大綱,製作實驗手冊。③制定網路開店實踐如開設豬八戒店鋪、開設淘寶店鋪等的實驗大綱,製作實驗手冊。同時需要制定並嚴格執行實驗大綱和實驗手冊裡的實驗

打分標準,確保公平公正。

(三)實踐教學運行組

實踐教學運行組的指導者是進行電子商務概論實踐環節改革的任課老師,是貫徹和實施技能培訓、方案策劃類、網路開店實踐操作的改革理念及方案的專職老師。實踐教學運行組是影響整個教學改革效果的關鍵小組。

(四)數據收集組

數據收集組由學生和任課教師組成,主要收集電子商務概論行課期間的實踐改革數據以及行課結束後對實踐改革效果的追蹤調查數據。

三、實踐改革調查分析與設計階段

實踐改革的第一階段是進行調查。

首先是調查企業及社會對電子商務相關專業學生能力的需求情況。

其次對以往電子商務概論實踐內容進行收集,做出利弊分析,並對學生通過參加電子商務概論實踐課獲得相應能力及成果的需求進行調查;調查電子商務領域當前社會熱點,並提取關鍵詞「互聯網+」「創新創業」。

最後結合以上社會需求調查、實踐問題調查、學生需求調查、電子商務社會熱點,撰寫關於對電子商務課程建設的前期調查問卷分析報告,並確定電子商務概論實踐課程改革後的實踐內容主要分為技能培訓類、創新創業類、開店實踐類共三類實踐。

四、實驗大綱和實驗手冊編寫階段

根據以上確定的實踐改革內容,編寫每個實驗的實驗大綱和實驗手冊。

(1)課程組機制。由於實踐選項較多,一位老師無法在短時間內完成數量如此大的工作,可以創建電子商務概論課程組,由課程組成員分工合作完成實驗大綱和實驗手冊的編寫。

(2)設計實踐成果作為成績分數機制。在實驗大綱中將實踐成果設計為與期末成績掛勾,提前告知並不時提醒,促使學生努力甚至超額完成實踐任務。計算方法如下:

學習成績(100%)＝平時表現成績(15%)＋實驗操作成績(25%)＋考試成績(60%)

實驗操作成績(25 分)＝技能培訓類(5 分)＋創新創業策劃類(12 分)＋網路開店實踐操作類(8 分)

五、電子商務實踐改革運行階段

接下來是電子商務概論實踐改革重要的環節，即進行實踐改革的運行環節。將前期設計的技能培訓類、創新創業策劃類、網路開店實踐類三大類實踐應用在課程體系中，由各專職教師進行授課和指導。

為了保證電子商務實踐改革有效運行，課程之初即採用學生自由組隊、由小組共同完成實踐並且實踐成績分數一致的這種小組機制。

六、實踐應用及效果數據收集階段

需要收集的實踐效果數據包括兩部分。

(一) 電子商務概論課程行課期間收集實踐效果數據

電子商務概論課程行課期間實踐效果數據收集方式包括：①通過技能培訓類實踐所獲得的阿里巴巴淘寶雲客服初級人才認證證書數量、阿里巴巴內貿電子商務初級人才認證證書數量、阿里巴巴跨境電子商務初級人才認證證書數量收集。②通過創新創業策劃類學生完成的策劃書電子稿及質量收集。③通過網路開店實踐類各小組選擇的交易平臺、網店地址、已售產品的網址、單價、銷售數量、店鋪首頁截圖、賣家已售出寶貝截圖、產品詳情頁截圖等收集。④根據教學實踐大綱的打分機制給每組實踐完成情況打分。具體情況如圖 8-4 所示。

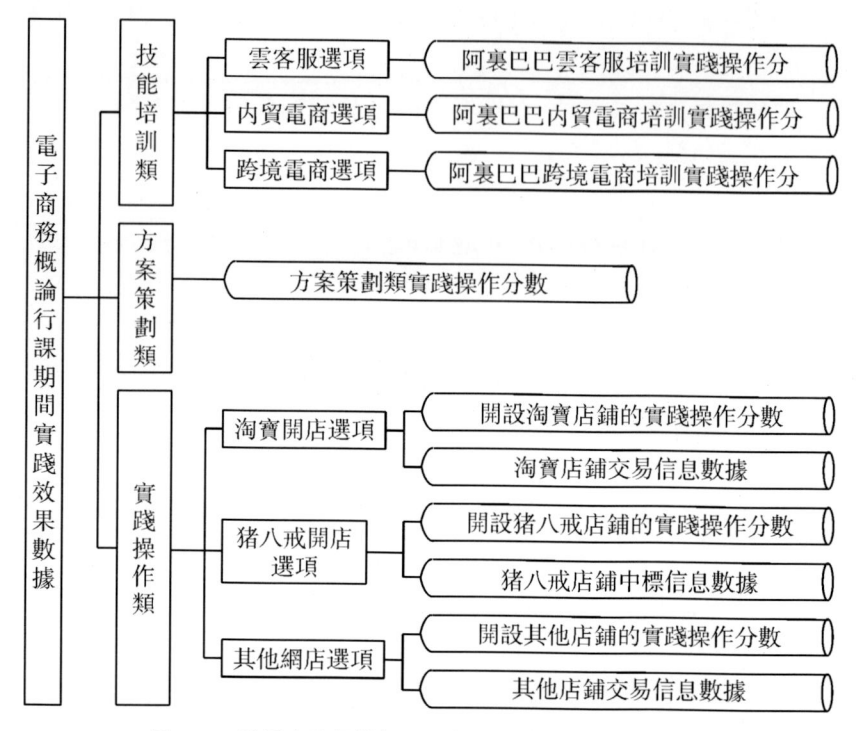

```
                              ┌─ 雲客服選項 ──── 阿裏巴巴雲客服培訓實踐操作分
                    ┌ 技能培訓類 ├─ 內貿電商選項 ── 阿裏巴巴內貿電商培訓實踐操作分
電                  │           └─ 跨境電商選項 ── 阿裏巴巴跨境電商培訓實踐操作分
子
商
務    ┌ 方案策劃類 ──── 方案策劃類實踐操作分數
概
論
行                                       ┌── 開設淘寶店鋪的實踐操作分數
課                  ┌─ 淘寶開店選項 ──────┤
期                  │                    └── 淘寶店鋪交易信息數據
間                  │
實                  │                    ┌── 開設豬八戒店鋪的實踐操作分數
踐    └ 實踐操作類 ├─ 豬八戒開店選項 ──┤
效                  │                    └── 豬八戒店鋪中標信息數據
果                  │
數                  │                    ┌── 開設其他店鋪的實踐操作分數
據                  └─ 其他網店選項 ──────┤
                                         └── 其他店鋪交易信息數據
```

圖 8-4　電子商務概論課程行課期間實踐效果統計數據

1. 電子商務概論行課期間技能培訓類效果數據

電子商務概論行課期間技能培訓類效果數據用於評定學生實踐分，為期末成績評定提供依據，包括阿里巴巴雲客服、內貿電商、跨境電商三類課程內數據。在電子商務概論行課期間根據完成情況填寫統計表，如表 8-9、表 8-10、表 8-11 所示。

表 79　電子商務概論行課期間淘寶雲客服基礎培訓實驗數據統計表

姓名	實驗1：雲客服規範類在線培訓（1分）	實驗2：服務及工具類在線培訓（1分）	實驗3：雲客服專業業務（1分）	實驗4：在線報名及網路認證考試（2分）	網路認證考試報名情況（報名/未報名）	網路認證考試通過情況（通過/未通過）
張三						

表 8-10　電子商務概論行課期間內貿電商人才基礎培訓實驗數據統計表

姓名	實驗1：開店準備篇在線培訓（1分）	實驗2：誠信通基礎操作篇在線培訓（1分）	實驗3：流量推廣篇在線培訓（1分）	實驗4：在線報名及網路認證考試培訓（2分）	網路認證考試報名情況（報名/未報名）	網路認證考試通過情況（通過/未通過）
張三						

表 8-11　電子商務概論行課期間跨境電商人才基礎培訓實驗數據統計表

姓名	實驗1：跨境貿易知識基礎在線培訓（1分）	實驗2：國際貿易知識基礎在線培訓（1分）	實驗3：電商平臺建設與營運在線培訓（1分）	實驗4：在線報名及網路認證考試培訓（2分）	網路認證考試報名情況（報名/未報名）	網路認證考試通過情況（通過/未通過）
張三						

2. 電子商務概論行課期間方案策劃類效果數據

電子商務概論行課期間方案策劃類效果數據用於評定學生實踐分，為期末成績評定提供依據。具體數據如表 8-12 所示，打分標準見實驗手冊和實驗大綱。

表 8-12　電子商務概論行課期間創新創業策劃書製作實驗數據統計表

小組	實驗1：策劃書主題及框架（2分）	實驗2：問卷調查完成情況（3分）	實驗3：策劃書初稿完成情況（3分）	實驗4：策劃書定稿完成情況（4分）
成員姓名				

3. 電子商務概論行課期間實踐操作類效果數據

電子商務概論行課期間網路開店實踐操作類效果數據用於評定學生實踐分，為期末成績評定提供依據。具體數據如表 8-13、表 8-14 所示，打分標準見實驗手冊和實驗大綱。行課期間統計的開設淘寶或其他店鋪的實踐數據主要為開店認證、產品拍照及修圖處理、產品上傳及店鋪裝修、電商交易及物流訂單處理實踐所獲得的分數。電子商務概論行課期間若選擇開設豬八戒店鋪，則需統計的是開店認證、店鋪資料完善、產品發布、投標及中標情況、中標服務類型、中標金額等中標信息。

表 8-13　電子商務概論行課期間淘寶或其他店鋪建立實驗數據統計表

小組	實驗1：開店認證分數（2分）	實驗2：產品拍照及修圖處理（2分）	實驗3：產品上傳及店鋪裝修（2分）	實驗4：電商交易模擬及物流訂單處理(2分)	交易量（個）	交易額（元）	網店平臺	店鋪地址	產品類型
成員姓名									

表 8-14　電子商務概論行課期間開設豬八戒店鋪實驗數據統計表

小組	實驗情況打分				店鋪數據		中標詳情				中標匯總	
	實驗1：豬八戒服務商開店認證分數（2分）	實驗2：創建店鋪及資料完善（1分）	實驗3：發布服務及店鋪裝修（2分）	實驗4：豬八戒任務投標（3分）	豬八戒服務店鋪連結地址	服務及產品類型	中標任務地址	任務編號	中標稿件編號	中標類型	中標金額	中標金額匯總（元）	服務任務中標數量匯總(個)
成員姓名												

其他數據包括賣家售中寶貝頁面圖、賣家已售寶貝頁面圖、店鋪首頁圖。

（二）電子商務概論行課期結束後收集實踐效果追蹤數據

電子商務概論行課期課程結束後實踐效果追蹤數據包括：①學生就業能力的提高情況，如就業率、就業質量等。②記錄學生將完成的創新、創意與創業類策劃書應用後參賽獲獎、申報項目、入駐創業園、註冊公司、參加會展、申請專利、製作App、建立網站等的應用情況。③電子商務概論實踐課程環節結束後各小組店鋪的已售產品的網址、單價、銷售數量、已售出寶貝截圖、產品詳情頁截圖等。具體如圖8-5所示。

```
電子商務概論行課結束後實踐效果追蹤數據
├─ 技能培訓類
│   ├─ 雲客服選項 ── 阿裏巴巴雲客服初級人才證書
│   ├─ 內貿電商選項 ── 阿裏巴巴內貿電商初級人才證書
│   └─ 跨境電商選項 ── 阿裏巴巴跨境電商初級人才證書
├─ 方案策劃類
│   ├─ 參加電子商務創新、創意及創業相關比賽獲獎信息及證明
│   ├─ 申報科技創新項目立項、結項信息及證明
│   ├─ 入駐大學生創業孵化園、創業園信息及證明
│   ├─ 註冊開辦公司信息及證明
│   ├─ 參加大學生創新創業成果展洽會信息及證明
│   ├─ 獲得大學生創新創業扶持資金或獎勵金額
│   ├─ 開辦公司運營及收入金額
│   └─ APP建設、網站建設等其他數據
└─ 實踐操作類
    ├─ 淘寶開店選項
    │   ├─ 開設淘寶店鋪的實踐操作分數
    │   └─ 淘寶店鋪交易信息數據
    ├─ 豬八戒開店選項
    │   ├─ 開設豬八戒店鋪的實踐操作分數
    │   └─ 豬八戒店鋪中標信息數據
    └─ 其他網店選項
        ├─ 開設其他店鋪的實踐操作分數
        └─ 其他店鋪交易信息數據
```

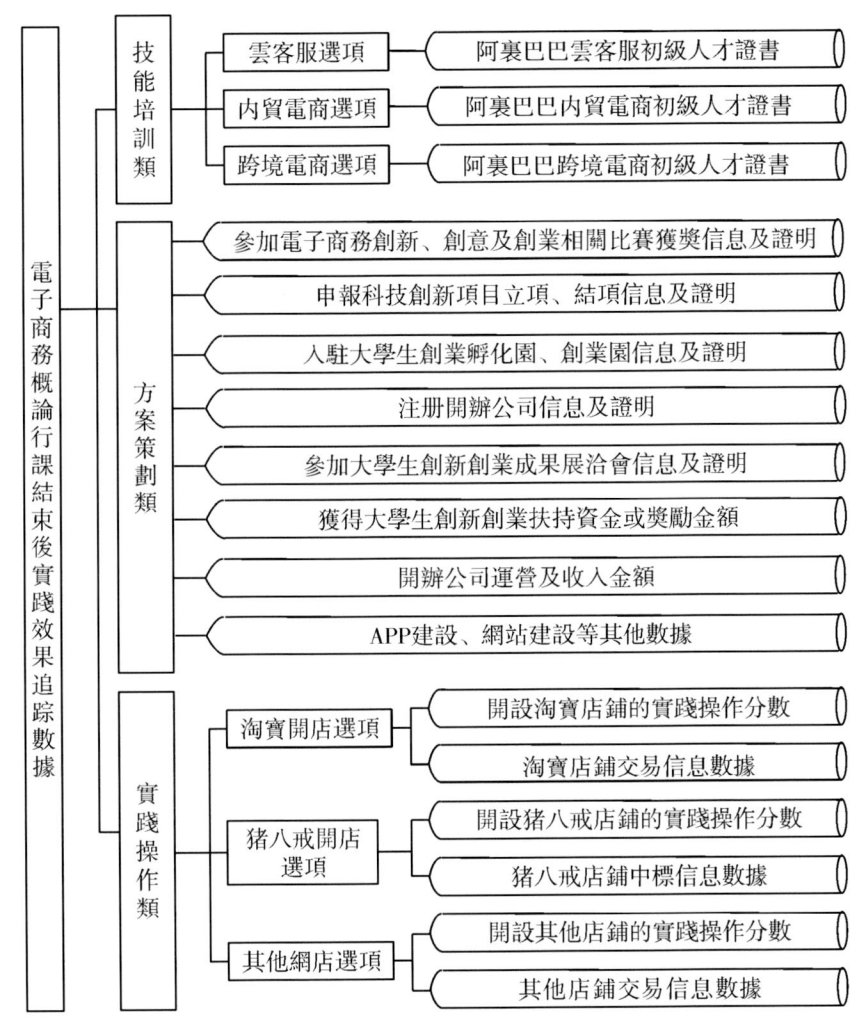

圖 8-5　電子商務概論課程行課結束後所需統計的實踐效果追蹤數據

1. 電子商務概論行課結束後技能培訓類效果追蹤數據

電子商務概論行課期課程結束後所需統計的技能培訓類追蹤效果主要是各學生通過阿里巴巴技能培訓所獲得的考證通過率以及通過後獲得的阿里巴巴電子商務初級人才證書 PDF 文件。

2. 電子商務概論行課結束後方案策劃類效果追蹤數據

電子商務概論行課期課程結束後所需統計的方案策劃類追蹤效果主要是各小組及各學生將策劃書及策劃能力應用於創新創業中的情況統計，包括參加各類電子商務或「互聯網+」創新、創意及創業比賽獲獎信息及證明，申報創

新、創意與創業相關項目立項信息及證明，入駐大學生創業園或孵化園的情況，註冊開辦公司及營運、收入情況，獲得扶持資金或獎勵金額等。

3. 電子商務概論行課結束後實踐操作類效果追蹤數據

電子商務概論行課期課程結束後所需統計的淘寶開店及其他網店類追蹤效果主要是所選擇的網店平臺、店鋪地址、主營產品、已售產品地址及寶貝名稱、交易量、銷售單價等交易數據。其他數據包括賣家售中的寶貝頁面圖、賣家已售出寶貝頁面圖、店鋪首頁圖等證明資料，如表8-15所示。

表8-15　電子商務概論行課結束後淘寶及其他網店建立實驗效果追蹤數據統計表

小組	網店平臺	店鋪網址	主營產品	已售產品地址	已售產品名稱	交易量（個）	單價（元）
成員姓名							

若選擇的是開設豬八戒店鋪，追蹤數據則主要包括中標服務類型、中標任務、中標稿件或任務編號、中標金額等中標信息的記錄及截圖證明，如表8-16所示。

表8-16　電子商務概論行課結束開設豬八戒店鋪實驗效果追蹤數據統計表

小組	店鋪數據		中標詳情			中標匯總	
	豬八戒服務店鋪鏈接地址	服務或產品類型	任務地址	任務編號	中標稿件編號	中標類型	中標金額	中標金額匯總（元）	服務任務中標數量匯總（個）
成員姓名									

（三）數據收集人員

實踐應用及效果數據收集是教學改革成果的體現，工作較為繁重，因此需要各人員及各部門的共同合作。

（1）任課教師。任課教師是課程實踐改革效果數據收集最核心和最具影響力的人員。

（2）課代表。課代表在實踐效果數據應用階段可以說是最重要的人員。課代表向其所在班級學生收集學期內課程改革數據和學期結束後課程改革追蹤數據和證明資料。

（3）其他人員。其他人員包括學生會、雙創中心、教務處、電子商務教研室等部門人員。

第 9 章 基於「互聯網+」的電子商務概論課程實踐環節創新創業與就業能力培養設計研究與效果評價

　　創新精神、創業意識和創新創業能力是評價人才培養質量的重要指標。在「互聯網+」大背景下，電子商務概論課程受眾基數大、影響範圍廣，但學生創新、創業與就業能力不足，問題亟待解決。本書據此提出基於「互聯網+」的電子商務概論課程實踐環節創新、創業與就業能力培養設計研究，主要包含技能培訓、電子商務方案策劃、網路開店三大類實踐內容。在此基礎上構建基於「互聯網+」的電子商務概論課程實踐環節創新、創業與就業能力培養改革效果評價指標體系，以具體實踐效果數據作為子準則層。最後以為期 1.5 年的電子商務概論課程實踐改革數據為實證分析材料，採用模糊綜合評價法進行評判並得出改革效果的綜合評價結論。通過改革設計、改革數據收集、改革效果評價為電子商務概論實踐課及其他相關課程的創新、創業與就業能力培養改革及效果評價提供參考。

一、引言

　　教育部指出，創新創業教育是全面提高高等教育質量的內在要求和應有之義，創新精神、創業意識和創新創業能力是評價人才培養質量的重要指標，需要建立和健全創新創業教育課程體系，強化創新創業實踐。2017 年的《國務院關於積極推進「互聯網+」行動的指導意見》則為創新創業課程改革提供了支持，指出需要充分發揮互聯網的創新驅動作用，以促進創新創業為重點，推

動各類要素資源聚集、開放和共享，大力發展眾創空間、開放式創新等，引導和推動全社會形成大眾創業、萬眾創新的濃厚氛圍，打造經濟發展新引擎。電子商務概論課程處於「互聯網+」大環境下，作為一門綜合型、交叉型課程受眾學生基數大、影響面廣。調查研究表明，43%的企業急需電商營運人才，18%的企業急需技術性人才（IT、美工），23%的企業急需推廣、銷售人才，5%的企業急需供應鏈管理人才，11%的企業急需綜合性高級人才。但與電子商務龐大的人才需求量相比，中國高校電子商務專業對口就業率僅僅達到20%，遠低於行業平均水準。電商專業也一度被教育部評為黃牌專業，說明高校不管是在教材的選用、實踐基地的建設，還是在電商人才的教育和培養方面，都存在很大的欠缺，旨在培養和提高學生創新、創業與就業能力的電子商務概論課程實踐改革刻不容緩。

而對於課程實踐效果，部分學校創新創業改革過分注重短期效果，過程管理數據缺失，難以長期跟蹤評價。對此，本書提出基於「互聯網+」的電子商務概論課程實踐環節創新創業與就業能力培養改革研究，設計實踐效果評價指標體系，並根據長期實踐數據記錄，採用模糊綜合評價法進行評價，以供參考。

二、基於「互聯網+」的電子商務概論課程實踐環節創新創業與就業能力培養改革研究

為培養學生創新、創業與就業能力，電子商務概論課程基於「互聯網+」進行實踐改革，以技能培訓、方案策劃、網路開店為三大實踐主題。技能培訓類包括淘寶雲客服基礎培訓、跨境電商基礎人才、內貿電商基礎人才培訓選項，為個人完成。方案策劃類主要是結合專業、團隊優勢、社會熱點、社會前沿等製作創新、創業策劃書，為團隊合作完成。網路開店類，包括建立淘寶、豬八戒店鋪等選項，為學生團隊合作完成。各實踐選項內容的拓展實踐成果如圖9-1所示，技能培訓類選項成果為阿里巴巴電子商務初級人才證書；方案策劃類實踐成果為將實踐作業——電子商務創新創業策劃書用於參加電子商務相關的創新創業策劃書、項目申報，甚至入駐創業園、註冊公司；網路開店類實踐效果為產品或服務銷售額。

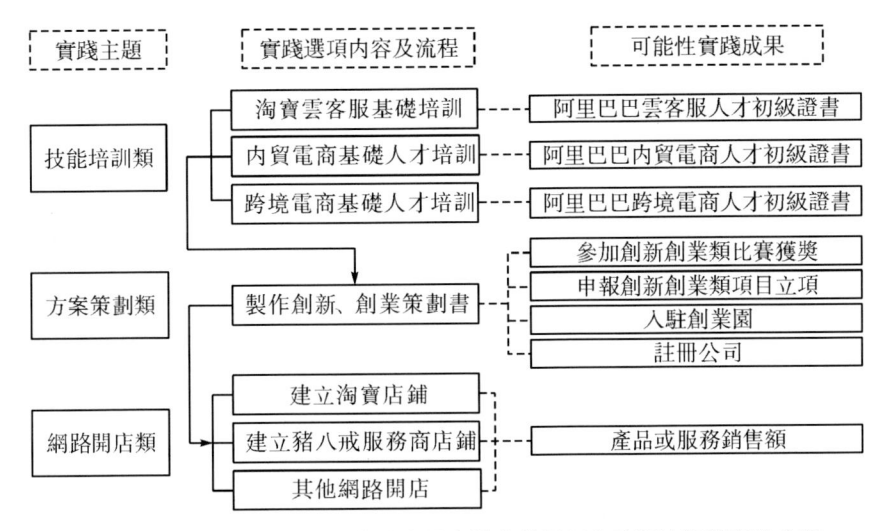

圖 9-1　基於創新創業與就業能力需求培養的電子商務概論課程實踐分類
及可能性成果

三、構建基於「互聯網+」的電子商務概論課程實踐環節創新創業與就業能力培養改革效果評價指標體系

基於「互聯網+」的電子商務概論課程實踐環節創新創業與就業能力培養改革的效果評價影響因素從技能培訓、方案策劃、網路開店三大類實踐主題進行評價，都包括基本實踐效果和延伸實踐效果兩部分。

技能培訓類實踐效果評價因素包括基本因素即人均技能培訓實踐分，延伸效果評價因素包括考取阿里巴巴電子商務初級人才證書數量。

方案策劃類實踐效果評價因素包括基本因素即各團隊策劃書實踐平均分，延伸效果評價因素包括各團隊將策劃書用於參賽獲獎數量及等級的打分、用於立項創新創業類項目的數量及等級的打分、項目入駐創業園的數量及等級的打分、項目註冊公司的團隊數量、獲得資金扶持或獎勵金額總額、各團隊策劃項目總收入。

網路開店類實踐效果評價因素包括基本因素即實踐分評分，延伸效果評價因素包括網路開店銷售總額、課程結束後仍開店銷售產品的團隊數量、課程結束後團隊開店的追蹤銷售總額。

構建基於「互聯網+」的電子商務概論課程實踐環節創新創業與就業能力培養改革效果評價指標體系。該模型分為三個層次：目標層、準則層、子準則

層。在指標體系中，目標層為指標體系構建，準則層為分項評價因素，包括三個指標，如圖9-2所示。

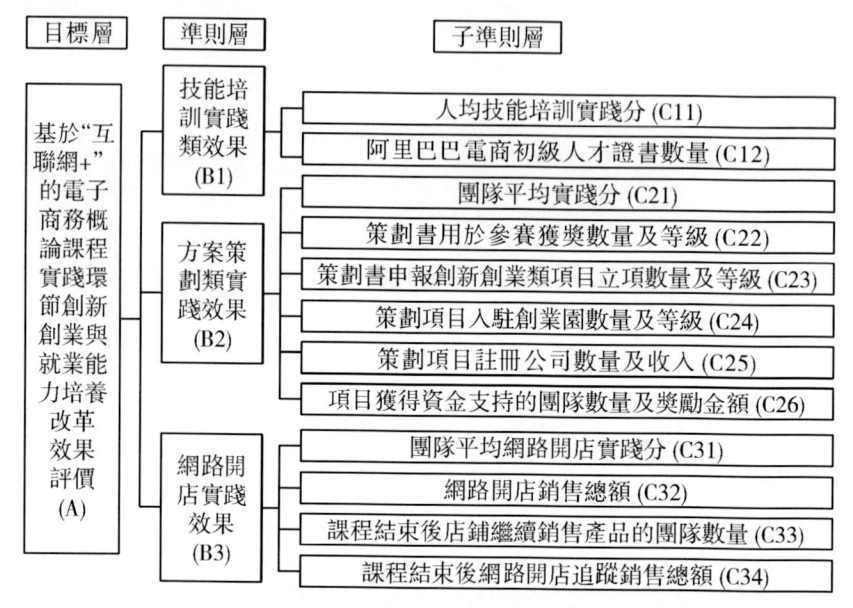

```
目標層          準則層              子準則層

                技能培             人均技能培訓實踐分 (C11)
                訓實踐
                類效果             阿里巴巴電商初級人才證書數量 (C12)
                (B1)

基於"互                             團隊平均實踐分 (C21)
聯網+"
的電子           方案策             策劃書用於參賽獲獎數量及等級 (C22)
商務概           劃類實
論課程           踐效果             策劃書申報創新創業類項目立項數量及等級 (C23)
實踐環           (B2)
節創新                             策劃項目入駐創業園數量及等級 (C24)
創業與
就業能                             策劃項目註冊公司數量及收入 (C25)
力培養
改革效                             項目獲得資金支持的團隊數量及獎勵金額 (C26)
果評價
(A)             網路開             團隊平均網路開店實踐分 (C31)
                店實踐
                效果               網路開店銷售總額 (C32)
                (B3)
                                  課程結束後店鋪繼續銷售產品的團隊數量 (C33)

                                  課程結束後網路開店追蹤銷售總額 (C34)
```

圖9-2　基於「互聯網+」的電子商務概論課程實踐環節創新創業與就業能力培養改革效果評價指標體系

層次分析法（Analytic Hierarchy Process，AHP法）是美國運籌學家沙旦於20世紀70年代提出的一種定性和定量分析相結合的多目標決策分析法。其基本思路是通過將複雜問題分解為若干層次和若干要素，使同一層次各要素之間能進行比較、判斷和計算，得出不同方案重要度，從而為選擇最優方案提供決策依據。

四、模糊綜合評價

（一）建立判斷集

本研究對指標的評價從優到差分為4個等級，將其按照百分制設定折算點和對應分數，分別為90、70、50、30，記為 $V = \{V_1, V_2, V_3, V_4\}$ = {優，良，中，差}，其中 V_j $(j = 1, 2, \cdots, n)$ 是評判集中第 j 個等級對應的評判值。

（二）確定模糊判斷系數矩陣

分別統計各指標在不同評語等級上的頻數，除以總數，即可得出對應指標在不同評語等級上的判斷係數。所有指標的判斷係數即構成了模糊判斷係數矩陣 R。也就是說，m 個指標的評語集就構造出總的模糊判斷係數矩陣 R。m 表示指標的個數，n 表示評語集個數。

$$R = \begin{bmatrix} r_{11} & r_{12} & \cdots & r_{1n} \\ r_{21} & r_{22} & \cdots & r_{2n} \\ \vdots & \vdots & & \vdots \\ r_{m1} & r_{m2} & \cdots & r_{mn} \end{bmatrix}$$

在矩陣 R 中，r_{mn} 表示的是第 m 個指標對於第 n 個評語等級的隸屬度。

（三）構造矩陣、計算權重及一致性檢驗

1. 構造判斷矩陣

如表 9-1 所示，本書採用 1~9 的標度，使兩兩因素相互進行比較。

表 9-1　　　　　　　　1~9 標度含義

標度	含義
1	表示兩個因素相比，具有同樣的重要性
3	表示兩個因素相比，一個比另一個稍微重要
5	表示兩個因素相比，一個比另一個明顯重要
7	表示兩個因素相比，一個比另一個強烈重要
9	表示兩個因素相比，一個比另一個極端重要
2, 4, 6, 8	上述兩相鄰判斷的中值
倒數	因素交換次序比較的重要性

首先根據兩兩比較法求出各準則層和各子準則層的判斷矩陣，求出判斷矩陣每行的幾何平均值，然後以每一行幾何平均值占所有幾何平均值的比值作為權重。

判斷矩陣具有如下特徵：

$a_{ii} = 1$；　　　$a_{ij} = 1/a_{ji}$；　　　$a_{ij} = a_{ik}/a_{jk}$。

2. 計算權重及一致性檢驗

一致性檢驗非常重要。該過程能夠判斷矩陣中的數值取值是否發生矛盾，檢驗判斷過程是否一致，避免出現甲比乙優，乙比丙優，而丙比甲優的這種循

環矛盾現象出現。

根據上述資料，得出目標層判斷矩陣、幾何平均值和權重，如表 9-2 所示。

表 9-2　　　　　　　　　　目標層 A 判斷矩陣

目標（A）	技能培訓實踐效果（B1）	方案策劃類實踐效果（B2）	網路開店實踐效果（B3）
技能培訓實踐效果（B1）	1	1/3	1/2
方案策劃類實踐效果（B2）	3	1	2
網路開店實踐效果（B3）	2	1/2	1
幾何平均數	0.550,321	1.817,121	1.000,000
權重	0.163,424	0.539,615	0.296,961

根據上表的計算結果，構造如下判斷矩陣：

（1）A 層──B 層（B 層因素相對於 A 層的判斷矩陣）

通過 1~9 的標度構造目標層 A 的判斷矩陣 $A = \begin{bmatrix} 1 & 1/3 & 1/2 \\ 3 & 1 & 2 \\ 2 & 1/2 & 1 \end{bmatrix}$

得到 B1-B3 對目標層 A 的排序權重向量：

$W_A = [0.163,424 \quad 0.539,615 \quad 0.296,961]^T$

則 $AW_A = \begin{bmatrix} 1 & 1/3 & 1/2 \\ 3 & 1 & 2 \\ 2 & 1/2 & 1 \end{bmatrix} \begin{bmatrix} 0.163,424 \\ 0.539,615 \\ 0.296,961 \end{bmatrix}$

最大特徵值 $\lambda_{max} = \sum_{i=1}^{3} \frac{(OW)_i}{nW_i} = 3.009,2$

一致性指標 $CI = \frac{\lambda_{max} - n}{n - 1} = 0.004,6$

平均隨機一致性指標 RI 可以根據表 9-3 可以查得 $n = 3$ 時，RI = 0.52，

隨機一致性比率 $CR = \frac{CI}{RI} = 0.008,846 < 0.1$

所以判斷矩陣 O 具有一致性，權重計算正確，判斷評價合理，無矛盾判斷情況。

準則層判斷矩陣共 3 個指標，這些指標因素都細分為多個具體準則，因此需要將準則層各個因素對上一層因素的相對重要程度構成判斷矩陣，由此形成

3個判斷矩陣。

表9-3表示1階~10階重複計算1,000次的平均隨機一致性指標中的前10個指標。

表9-3　　　　　1階~10階平均隨機一致性指標RI

階數	1	2	3	4	5	6	7	8	9	10
RI	0	0	0.52	0.89	1.12	1.26	1.36	1.41	1.46	1.49

（2）B層——C層（C層因素相對於B層的判斷矩陣）

同理，運用Excel計算準則層產品信息因素B1的判斷矩陣、幾何平均值和權重，如表9-4所示。

表9-4　　　　　**技能培訓實踐效果B1判斷矩陣**

技能培訓實踐效果（B1）	人均技能培訓實踐分（C11）	阿里巴巴電商初級人才證書數量（C12）
人均技能培訓實踐分（C11）	1	1/3
阿里巴巴電商初級人才證書數量（C12）	3	1
幾何平均數	0.577,350	1.732,051
權重	0.25	0.75

對於矩陣 B_1，由於其屬於二階對稱，符合無條件一致性。

得到 B_1 的排序權重向量為：W_{B1} = [0.25　0.75]

同理得出準則層方案策劃類B2因素的判斷矩陣、幾何平均值和權重，如表9-5所示。

表9-5　　　　　**方案策劃類B2因素判斷矩陣**

方案策劃類實踐效果(B2)	團隊平均實踐分（C21）	策劃書用於參賽獲獎數量及等級（C22）	策劃書申報創新創業類項目立項數量及等級(C23)	策劃項目入駐創業園數量及等級（C24）	策劃項目註冊公司數量及收入（C25）	項目獲得資金扶持的團隊數量及獎勵金額(C26)
團隊平均實踐分（C21）	1	1/4	1/5	1/2	1/2	1
策劃書用於參賽獲獎數量及等級（C22）	4	1	1/2	3	3	4
策劃書申報創新創業類項目立項數量及等級(C23)	5	2	1	4	4	5

表9-5(續)

方案策劃類實踐效果(B2)	團隊平均實踐分(C21)	策劃書用於參賽獲獎數量及等級(C22)	策劃書申報創新創業類項目立項數量及等級(C23)	策劃項目入駐創業園數量及等級(C24)	策劃項目註冊公司數量及收入(C25)	項目獲得資金扶持的團隊數量及獎勵金額(C26)
策劃項目入駐創業園數量及等級(C24)	2	1/3	1/4	1	1	2
策劃項目註冊公司數量及收入(C25)	2	1/3	1/4	1	1	2
項目獲得資金扶持的團隊數量及獎勵金額(C26)	1	1/4	1/5	1/2	1/2	1
幾何平均數	0.481,746	2.039,649	3.046,831	0.832,683	0.832,683	0.481,746
權重	0.062,440	0.264,363	0.394,906	0.107,926	0.107,926	0.062,440

對於矩陣 $B2$，λ_{max} = 6.064,6，RI = 1.26，CI = 0.012,92，CR = 0.010,25 < 0.1，符合一致性。並得到 $B2$ 的排序權重向量：

W_{B2} = [0.062,440　0.264,363　0.394,906　0.107,926　0.107,926　0.062,440]

同理得出準則層網路開店實踐類 B3 因素的判斷矩陣、幾何平均值和權重，如表9-6。

表 9-6　　　　　　　　網路開店實踐效果 B3 判斷矩陣

網路開店實踐效果（B3）	團隊平均網路開店實踐分（C31）	團隊開店銷售總額（C32）	課程結束後店鋪繼續銷售產品的團隊數量（C33）	課程結束後網路開店追蹤銷售總額（C34）
團隊平均網路開店實踐分(C31)	1	1/7	1	1/6
團隊開店銷售總額（C32）	7	1	7	2
課程結束後店鋪繼續銷售產品的團隊數量（C33）	1	1/7	1	1/6
課程結束後網路開店追蹤銷售總額（C34）	6	1/2	6	1
幾何平均數	0.377,964,5	2.645,751,3	0.377,964,5	1.732,050,8
權重	0.073,623,7	0.515,366,2	0.073,623,7	0.337,386,4

對於矩陣 $B3$，λ_{max} = 4.036,5，RI = 0.89，CI = 0.012,167，CR = 0.013,67 < 0.1，符合一致性。

得到 $B3$ 的排序權重向量：

W_{B3} = [0.073,623,7　0.515,366,2　0.073,623,7　0.337,386,4]

（四）評價結果處理

在得到各評價指標模糊關係矩陣 R_{Bn} 基礎上進行一級模糊綜合評判，得到各指標的模糊綜合評價矩陣 $B_{Bn} = W_{Bn} \cdot R_{Bn}$，

從而得到一級模糊關係矩陣 $R = \begin{bmatrix} B_{B1} & B_{B2} & B_{B3} \end{bmatrix}^T$

將權重向量 W_A 和模糊關係矩陣 R 的綜合表示二級模糊綜合評判：

$$B = W_A \cdot R = \begin{bmatrix} a_1 & a_2 & \cdots & a_m \end{bmatrix} \begin{bmatrix} B_{B1} & B_{B2} & B_{B3} \end{bmatrix}^T$$

$$= \begin{bmatrix} a_1 & a_2 & \cdots & a_m \end{bmatrix} \begin{bmatrix} r_{11} & r_{12} & \cdots & r_{1n} \\ r_{21} & r_{22} & \cdots & r_{2n} \\ \vdots & \vdots & & \vdots \\ r_{m1} & r_{m2} & \cdots & r_{mn} \end{bmatrix} = \begin{bmatrix} b_1 & b_2 & \cdots & b_m \end{bmatrix}$$

根據矩陣判斷所屬等級，並計算出創新、創意與創業實踐效果綜合評分，採用加權平均分，以 b_j 為折算點權數，將對各個評語等級對應的得分 V_j 進行加權平均得到的值作為最終的評判得分 S，如下所示：

$$S = B \cdot V = \sum_{j=1}^{n} b_j V_j$$

五、實證分析

2016—2017 學年第 1、2 學期及 2017—2018 學年第 1 學期對 2014 屆網新班（42 人）、2014 屆國商 1 班（34 人）和 2 班（36 人）、2015 屆國貿 1 班（40 人）和 2 班（37 人）、2015 屆國商班（38 人）、2015 屆網新 1 班（36 人）和 2 班（37 人）、2016 屆電商 1 班（40 人）和 2 班（41 人）共 381 名學生的電子商務概論實踐課進行改革，截至 2018 年 2 月 1 日，得到各子準則層電商效果數據，如表 9-7 所示。

表 9-7　　　　　　　　各子準則層電商效果

子準則層	效果數據（截至 2018 年 2 月 1 日）
人均技能培訓實踐分（C11）	（實踐分 5 分）人均實踐分 5 分
阿里巴巴電商初級人才證書數量（C12）	學生 381 人，給學生規定的實踐任務為考得一門證書即完成實踐。共 431 個證書。其中，阿里巴巴淘寶雲客服初級人才證書 24 個；阿里巴巴內貿電子商務初級人才證書 109 個；阿里巴巴跨境電子商務初級人才證書 298 個

表9-7(續)

子準則層	效果數據（截至 2018 年 2 月 1 日）
團隊平均策劃書實踐分(C21)	（實踐分 12 分）各團隊平均分 11.18 分
策劃書用於參賽獲獎數量及等級（C22）	參賽獲獎：重慶市級比賽獲獎 4 個；校級比賽獲獎 16 個。具體：重慶市二等獎 3 個；重慶市優秀獎 1 個。校級一等獎 2 個；校級二等獎 8 個；校級三等獎 5 個；校級優秀獎 1 個
策劃書申報創新創業類項目立項數量及等級（C23）	立項國家項目 1 個，重慶市項目 1 個，校級項目 12 個
策劃項目入駐創業園數量及等級（C24）	入駐校級創業園 3 個
策劃項目註冊公司數量及收入（C25）	註冊公司 2 個
項目獲得資金扶持的團隊數量、獎勵、註冊資金金額(C26)	21 個團隊獲得獎勵 2,140,600 元
團隊平均網路開店實踐分（C31）	（實踐分 8 分）7.971,6 分
團隊開店銷售總額（C32）	506,556.46
課程結束後店鋪繼續銷售產品的團隊數量（C33）	14 支隊伍
課程結束後網路開店追蹤銷售總額（C34）	364,752.97

然後邀請各專家填寫一下調查問卷，對每個改革效果在「優、良、中、差」中進行評級，共 11 個問題。

各專家對本次電子商務概論實踐課改革效果進行評價。在「人均技能培訓實踐分（滿分 5 分）：5 分」和第 2 個問「學生 381 人，共考取 431 個證書。其中，阿里巴巴淘寶雲客服初級人才證書 24 個；阿里巴巴內貿電子商務初級人才證書 109 個；阿里巴巴跨境電子商務初級人才證書 298 個」這兩個選項中，對未選擇「優」選項的視為無效問卷並進行剔除，得到有效問卷 28 份。

其中，評價因素為評價體系 B 層和 C 層評價指標，評價集 $V = \{v_1, v_2, v_3, v_4\} = \{優，良，中，差\}$；得出「技能培訓實踐效果」「方案策劃類實踐效果」「網路開店類實踐效果」的模糊關係矩陣，分別如下：

$$R_{B1} = \begin{bmatrix} 1 & 0 & 0 & 0 \\ 1 & 0 & 0 & 0 \end{bmatrix}, R_{B2} = \begin{bmatrix} 0.931 & 0.069 & 0 & 0 \\ 0.931 & 0.069 & 0 & 0 \\ 0.965,5 & 0.034,5 & 0 & 0 \\ 0.862,1 & 0.137,9 & 0 & 0 \\ 0.758,6 & 0.206,9 & 0.034,5 & 0 \\ 0.965,5 & 0.034,5 & 0 & 0 \end{bmatrix},$$

$$R_{B3} = \begin{bmatrix} 0.965,5 & 0.034,5 & 0 & 0 \\ 1 & 0 & 0 & 0 \\ 0.931 & 0.069 & 0 & 0 \\ 0.965,5 & 0.034,5 & 0 & 0 \end{bmatrix}$$

（一）一級模糊綜合評判

1. 技能培訓改革效果的模糊綜合評判

$$B_{B1} = W_{B1} \cdot R_{B1} = \begin{bmatrix} 0.25 & 0.75 \end{bmatrix} \begin{bmatrix} 1 & 0 & 0 & 0 \\ 1 & 0 & 0 & 0 \end{bmatrix} = \begin{bmatrix} 1 & 0 & 0 & 0 \end{bmatrix}$$

2. 電商方案策劃類改革效果的模糊綜合評判

$$B_{B2} = W_{B2} \cdot R_{B2}$$
$$= \begin{bmatrix} 0.062,440 & 0.264,363 & 0.394,906 & 0.107,926 & 0.107,926 & 0.062,440 \end{bmatrix} \times$$
$$\begin{bmatrix} 0.931 & 0.069 & 0 & 0 \\ 0.931 & 0.069 & 0 & 0 \\ 0.965,5 & 0.034,5 & 0 & 0 \\ 0.862,1 & 0.137,9 & 0 & 0 \\ 0.758,6 & 0.206,9 & 0.034,5 & 0 \\ 0.965,5 & 0.034,5 & 0 & 0 \end{bmatrix}$$
$$= \begin{bmatrix} 0.920,736,0 & 0.075,540,6 & 0.003,723,4 & 0 \end{bmatrix}$$

3. 網路開店類實踐效果的模糊綜合評判

$$B_{B3} = W_{B3} \cdot R_{B3}$$
$$= \begin{bmatrix} 0.073,623,7 & 0.515,366,2 & 0.073,623,7 & 0.337,386,4 \end{bmatrix} \times$$
$$\begin{bmatrix} 0.965,5 & 0.034,5 & 0 & 0 \\ 1 & 0 & 0 & 0 \\ 0.931 & 0.069 & 0 & 0 \\ 0.965,5 & 0.034,5 & 0 & 0 \end{bmatrix}$$
$$= (0.980,740,1 \quad 0.019,259,9 \quad 0 \quad 0)$$

將 B_{B1}、B_{B2}、B_{B3} 視為其單因素評價集，得到二級模糊關係矩陣 R，

$$R = \begin{bmatrix} B_{B1} \\ B_{B2} \\ B_{B3} \end{bmatrix} = \begin{bmatrix} 1 & 0 & 0 & 0 \\ 0.920,736,0 & 0.075,540,6 & 0.003,723,4 & 0 \\ 0.980,740,1 & 0.019,259,9 & 0 & 0 \end{bmatrix}$$

（二）二級模糊綜合評判及結果處理

依據單因素評價矩陣 R 和權重集 W_A，可得出二級模糊綜合評判：

$$B = W_A \cdot R$$
$$= \begin{bmatrix} 0.163,424 & 0.539,615 & 0.296,961 \end{bmatrix} \times \begin{bmatrix} 1 & 0 & 0 & 0 \\ 0.920,736,0 & 0.075,540,6 & 0.003,723,4 & 0 \\ 0.980,740,1 & 0.019,259,9 & 0 & 0 \end{bmatrix}$$
$$= \begin{bmatrix} 0.951,508 & 0.046,482 & 0.002,009 & 0 \end{bmatrix}$$

根據最大隸屬原則，本次電子商務概論實踐課改革效果等級為優。根據各等級對應的分數進一步求得本次改革效果的綜合得分：

$$S = B \cdot V = \begin{bmatrix} 0.951,508 & 0.046,482 & 0.002,009 & 0 \end{bmatrix} \begin{bmatrix} 90 \\ 70 \\ 50 \\ 30 \end{bmatrix} = 88.989,99$$

六、結語

通過電子商務概論實踐課改革培養學生創新、創業與就業能力，其改革效果需要進行長期追蹤和數據記錄。如本書中部分改革對象由於剛結束本課程，方案策劃類效果需要在下一學期得到進一步提升；而作為就業能力效果評價，本書由於在撰寫時改革對象尚未畢業，無法獲取數據，為本書之不足處。

經案例檢驗，本書提出的基於「互聯網+」的電子商務概論課程實踐環節創新、創業與就業能力培養效果評價指標體系，具有廣泛的電子商務創新、創業與就業能力培養效果評價的實用性，同時具備一定的借鑑意義，可將評價指標擴展到與電商相關相近課程上，如互聯網產品行銷與推廣、電子商務平臺設計與開發、電子商務行銷與推廣、企業實踐和調研、電商美工、管理學等課程，鼓勵老師及學生進行電商創新創業改革。

第 10 章 基於「互聯網+」的電子商務概論課程實踐環節創新創業與就業能力培養設計研究存在的問題及對策建議

一、存在的問題

1. 學生對淘寶開店實踐繳納保證金抵觸

在進行網路開店類實踐過程中，其中的實踐選項淘寶開店發布全新產品的規則條件從剛申請項目時期部分產品繳納 1,000 元保證金，發展到項目結題時幾乎所有全新產品繳納保證金。很大一部分學生由於開設網路店鋪之初沒有足夠的資金用於繳納保證金或舍不得將生活費暫時用於開店的保證金，以致發展到後期，很多學生對開設淘寶店鋪抱有抵觸心理。

因此在實踐過程中，在不同學期都在調整教學實踐方案和評分規則。一方面，在開設淘寶店鋪時，允許學生先註冊淘寶帳號，進行身分認證和個人店鋪認證並創建店鋪，以獲取店鋪認證的分數；其次允許其在閒魚、轉轉等二手平臺上銷售產品，記錄銷售情況。另一方面，也允許學生在豬八戒、村頭、餓了麼等其他電子商務平臺上開設店鋪銷售產品。

2. 非電子商務專業學生難以實現電商抱負

參加電子商務創新、創意與創業類比賽、項目的學生範圍不僅僅局限於電子商務、網路新媒體、信息管理與信息系統、物業、物流等電子商務相關專

業，從近期重慶工商大學融智學院、重慶市、國家級第八屆電子商務三創賽、「互聯網+」比賽、創新創業訓練計劃項目看，還包括會計、資產評估、財富管理、金融等非電子商務專業。這些非電子商務專業的學生同樣對電子商務創新、創意與創業表現出了極大的興趣，但苦於沒有學習過電子商務相關基礎知識，難以實現電子商務創新、創意與創業抱負，急需在短時間內通過一門綜合課程學習電子商務基礎知識及創新創業類基礎知識。

3. 電子商務創新創意指導老師供不應求

在創新創意策劃實踐環節，電子商務創新、創意與創業指導老師供不應求是最主要的問題。

一方面，電子商務創新、創意與創業的指導老師主要為電子商務相關專業專職教師、雙創中心教師、雙師型教師及已開辦公司的教師，其他老師由於缺乏電子商務相關專業知識和指導經驗而對電子商務創新、創意與創業指導表現出力不從心的心理。

另一方面，儘管指導教師為指導學生獲得頗多優秀的成果付出了艱辛的勞動，但在部分學校，由於對在教師指導學生進行電子商務創新、創意與創業方面的鼓勵及獎勵措施不力，以致指導教師的熱情和信心降低而不願再指導或減少指導學生團隊的數量。指導教師是決定學生能否取得電商創新創業成果的關鍵人物，因此對教師群體進行電子商務創新、創意與創業指導，擴大電商創新創業教師指導隊伍刻不容緩。

二、對策建議

1. 更新與變革其他電商實踐，順應社會需求

儘管此次基於「互聯網+」的電子商務概論課程實踐環節創新、創業與就業能力培養設計研究改革效果好，但電子商務始終處於不斷快速變化發展之中，需進一步結合電子商務發展趨勢及熱點、學生關注點增加和調整今後的電子商務實踐內容。如拍攝抖音視頻宣傳推廣產品、拍攝團隊海報、拍攝製作並編輯學校宣傳視頻、製作個人電子簡歷等可以作為電子商務概論課程實踐內容，並保持電子商務概論課程實踐內容一年更新一次的進度。

2. 設計電子商務創新創意及創業在線課程，加強推廣

不斷改進和完善研究成果，將撰寫的電子商務創新創業類書籍作為理論內容，將已簽訂授權書的策劃書作為實踐案例，設計電子商務創新創業在線課程。課程形式包括在線微課視頻、直播教學等。促進創新創業成果更全面、有

效地在感興趣學生、非電子商務專業學生及其他兄弟院校推廣。

3. 針對教師開辦電商三創培訓講座，制定和完善獎勵措施

從學校層面，專門針對教師群體開設電子商務創新、創意與創業指導培訓的講座，讓更多老師參加到電子商務創新、創意與創業教師指導隊伍中，增大指導教師數量，促進全校各專業學生在創新、創意及創業方面取得更大和更優秀的成績。

同時，從思想層面加強宣傳教師指導學生創新創業的意義，樹立教師的服務意識。同時制定對指導教師的獎勵政策，提高教師積極性。

參考文獻

[1] 邵兵家.電子商務概論[M].3版.北京：高等教育出版社,2011.
[2] 趙禮強.電子商務理論與實務[M].北京：清華大學出版社,2010.
[3] 胡宏力.電子商務理論與實務[M].北京：中國人民大學出版社,2016.
[4] 解新華.電子商務概論[M].北京：人民郵電出版社,2016.
[5] 邢以群.管理學[M].3版.北京：高等教育出版社,2017.
[6] 仝新順,王初建,於博.電子商務概論[M].北京：清華大學出版社,2010.
[7] 惠亞愛,喬曉娟.網路行銷：推廣與策劃[M].北京：人民郵電出版社,2016.
[8] 《運籌學》教材編寫組.運籌學[M].3版.北京：清華大學出版社,2011.
[9] 胡令,盛希林.電子商務理論與實務[M].北京：人民郵電出版社,2013.
[10] 張照楓,劉德華,陳金山.電子商務實務[M].武漢：武漢大學出版社,2016.
[11] 教育部高等教育司.教育部高等教育司關於公布2017年國家級大學生創新創業訓練計劃項目名單的通知[EB/OL].(2017-09-08)[2018-04-24].http://gjcxcy.bjtu.edu.cn/ShowNews.aspx? NewsNo=DB553E67212509C1.
[12] 教育部辦公廳關於印發《普通本科學校創業教育教學基本要求（試行）》的通知[EB/OL].(2015-06-01)[2017-07-16].http://old.moe.gov.cn//publicfiles/business/htmlfiles/moe/s5672/201208/140455.html.
[13] 中華人民共和國教育部.教育部關於中央部門所屬高校深化教育教學改革的指導意見[EB/OL].(2016-07-04)[2017-07-16].http://www.

moe.edu.cn/srcsite/A08/s7056/201607/t20160718_272133.html.

［14］國務院.國務院關於積極推進「互聯網+」行動的指導意見［Z/OL］.（2015-07-04）［2017-09-17］.http：//www.gov.cn/zhengce/content/2015-07/04/content_10002.htm.

［15］麥可思研究院.2017年中國大學生就業報告：就業率穩定滿意度上升［EB/OL］.（2016-06-12）［2017-09-12］.http：//edu.people.com.cn/n1/2017/0613/c1053-29336215.html.

［16］教育部高等學校電子商務類專業教學指導委員會,全國大學生電子商務「創新、創意及創業」挑戰賽競賽組織委員會.關於舉辦第八屆全國大學生電子商務「創新、創意及創業」挑戰賽的通知［EB/OL］.（2017-11-01）［2018-04-09］.http：//www.3chuang.net/news/5.

［17］教育部.教育部關於舉辦第三屆中國「互聯網+」大學生創新創業大賽的通知［EB/OL］.（2017-03-28）［2018-04-09］.http：//www.3chuang.net/news/5.

［18］教育部高等學校電子商務類專業教學指導委員會,全國大學生電子商務「創新、創意及創業」挑戰賽競賽組織委員會.大賽簡介［EB/OL］.（2017-11-01）［2018-04-09］.http：//www.3chuang.net/single/1.

［19］國家自然科學基金委員會.國家自然科學基金資助項目資金管理辦法［Z/OL］.（2015-05-06）［2018-04-09］.http：//www.nsfc.gov.cn/publish/portal0/tab475/info70254.htm.

［20］譚麟羽,李嘉偉,婁振庭,李文藝.第十六屆科技文化節之電子商務三創大賽優秀成果展［EB/OL］.（2018-06-08）［2018-06-24］.http：//it.swufe.edu.cn/info/1172/3746.htm.

［21］陳鏡羽.基於創新創業與就業能力培養需求的「電子商務概論」課程實踐環節調查與設計研究［M］.成都：西南財經大學出版社,2018：144-157.

［22］劉敏.「電子商務概論」課程實驗環節改革與實踐［J］.計算機教育,2008（22）：61-64.

［23］朱健,易高峰.大學生創業聯盟要素識別與模式建構的案例研究［J］.復旦教育論壇,2017（2）：61-65.

［24］張淑梅,劉珍.基於CIPP的高職院校創新創業教育評價體系構建［J］.中國職業技術教育,2017（26）：53-55,66.

［25］劉曉敏，劉慧娟，梁春晶，等. 高校創新創業教育評價體系的構建［J］. 中國經貿導刊（理論版），2017（20）：77-78.

［26］段麗華. CIPP模式視閾下高校創新創業教育質量評價體系研究［J］. 梧州學院學報，2017（2）：105-109.

［27］譚晉鈺. 高校創新創業教育質量評價體系構建研究［J］. 創新與創業教育，2017，8（5）：20-23.

［28］吳紅霞，劉雪芹，蔡文柳. 基於模糊綜合評價的高校創新創業型人才培養質量評價［J］. 河北聯合大學學報（社會科學版），2017，17（1）：125-129.

［29］張建文，張琤，常曉明，等. 地方院校大學生創新創業訓練計劃的過程管理［J］. 高等工程教育研究，2014（5）：135-138.

［30］廖朝輝，胡盛強，張畢西，等. 基於層次分析法和模糊綜合評價的訂單優先等級策略［J］. 科技管理研究，2011，31（24）：191-194.

［31］王志鵬，高晟，張啓望. 美國高校創新創業師資隊伍建設的啟示［J］. 黑龍江高教研究，2017（1）：63-65.

［32］郝杰，吳愛華，侯永峰. 美國創新創業教育體系的建設與啟示［J］. 高等工程教育研究，2016（2）：7-12.

［33］謝志遠. 構建大學生創業教育「溫州模式」［J］. 高等教育研究，2008（5）：89-92.

［34］潘燕萍. 從「自上而下」向「創業本質」的迴歸——以日本的創新創業教育為例［J］. 高教探索，2016（8）：49-55.

［35］阿迷夫人. 貧窮限制了我的想像！美女陪人逛街買衣服，每小時收費880！［EB/OL］.（2018-03-14）［2018-04-01］. http://baijiahao.baidu.com/s?id=1594892757925760406&wfr=spider&for=pc.

［36］創業邦：shark. Uber改logo？大家的logo都在變嘛！一起來看七大科技巨頭的logo變遷史［DB/OL］.（2016-02-04）［2018-06-30］. http://www.cyzone.cn/a/20160204/289834.html.

［37］123標誌設計網：ping. 時尚界中的皇者——蘋果Logo進化史［DB/OL］.（2015-08-11）［2018-06-30］. http://blog.logo123.net/6524.

［38］標誌情報局. 回顧：2017年都有哪些企業換上了新LOGO（國內片）［DB/OL］.（2017-12-27）［2018-06-30］. http://www.logonews.cn/2017-in-review-china.html.

［39］混沌研習社. 為何別人的廣告語能成功「洗腦」，你的只能停留在口號［DB/OL］.（2017-04-14）［2018-07-06］. http://www.chinaz.com/manage/2017/0414/688039.shtml.

［40］網易：周郎顧天下. 有哪些廣告詞讓你感到驚豔？螞蟻財富的廣告詞扎心了！［DB/OL］.（2017-12-26）［2018-07-06］. http://3g.163.com/dy/article/D6JFJMU20523K5OD.html.

［41］真數碼老司機. 2018年主流手機廣告語匯總，誰家的更深入人心？［DB/OL］.（2018-04-16）［2018-07-12］. http://baijiahao.baidu.com/s?id=1597908143658755678&wfr=spider&for=pc.

［42］易心空. 百度百科：企業理念［DB/OL］.（2016-12-10）［2018-07-13］. https://baike.baidu.com/item/%E4%BC%81%E4%B8%9A%E7%90%86%E5%BF%B5/8710585.

［43］楊鑫. 創業大賽答辯問題集錦及建議［DB/OL］.（2012-01-22）［2018-04-04］. http://www.doc88.com/p-733474934395.html.

［44］林老師. 團隊名稱大全［EB/OL］.（2014-02-24）［2018-04-09］. https://www.yw11.com/wangmingdaquang/7583.html.

［45］投融界. 國家對大學生創業有哪些扶持政策［DB/OL］.（2018-01-05）［2018-07-14］. http://zhiku.trjcn.com/detail_191550.html.

［46］青海省人力資源和社會保障廳. 高校畢業生就業創業政策問答［EB/OL］.（2018-04-11）［2018-10-02］. http://www.qhhrss.gov.cn/pages/zczsk/zcjd/70599.html.

［47］白墨. 荔枝說：雙十一天貓京東又開撕「貓狗」變「雞鴨」那些事兒［EB/OL］.（2015-11-06）［2018-07-19］. http://news.jstv.com/a/20151106/1446790372547.shtml.

［48］趙麗. 揭網路直播利益分成內幕：主播到手提成僅打賞費35%［EB/OL］.（2017-03-21）［2018-07-23］. http://www.xinhuanet.com/fortune/2017-03/21/c_1120663440.htm.

［49］愛唱歌的小憂傷. 成為主播需要準備哪些直播設備？［EB/OL］.（2018-03-14）［2018-04-01］. https://jingyan.baidu.com/article/b907e62794dc9446e7891cf8.html.

［50］數英網. 掌握這七大創意行銷，你就出師了［EB/OL］.（2016-03-18）［2018-07-19］. http://news.ikanchai.com/2016/0318/58702.shtml.

［51］ sola001. 支付寶 10 年帳單案例分享［EB/OL］.（2015 - 12 - 08）［2018 - 07 - 19］. https：//www.zcool.com.cn/work/ZMTQzMTg2Njg =/1.html, 2016/2019.

［52］ 陳飛的展示體驗號. 一些國際知名品牌 LOGO 的顏色、價值和演變［EB/OL］.（2018 - 07 - 20）［2019 - 02 - 18］. https：//baijiahao.baidu.com/s？id = 1606500089083558197&wfr = spider&for = pc.

附錄　所用案例涉及的學生名單

本書裡的部分例子來自以下學生項目名單（表 A），儘管這些項目在不同比賽或項目申報中成員略有不同，但本書仍將所有成員都寫進去了，感謝各位支持。

表 A　　本書部分創新創業例子來源項目及學生團隊

項目名稱	團隊組長所在學校	成員姓名
自主移動智能雲打印機器人研製	北京工業大學	王港、呂崢、董雲輝、劉天朗
減負快遞包裝箱設計及其回收模式研究——以北京物資學院為例	北京物資學院	戴陽陽、董雙雙、姜玉寒、任建松、李一瑾
基於人性化服務需求優化高校圖書館座位管理系統	首都經濟貿易大學	李思淼、呂舒雨、朱丹雨
樹懶懸賞互助 App	天津科技大學	楊耀蘭、魏孖鈺、王春穎、利星輝、蔡忞晟、龍昊
布丁攝影管家	大連工業大學	郭沫如、李寧鈺、王一江、商琪、馬堯
可回收快遞包裝設計研發與營運	西南科技大學	馮徑平、易磊、袁慧、宋君宜、向建東、康萍
U＄Share——在校大學師生的技能交易商城	西南財經大學	張瀚文、林思慧、何佩、劉銀南
魔法（Magic）教育平臺	西南財經大學	譚麟羽、李嘉偉、婁振庭、李文藝
高校服務平臺——高校跑腿君	長春工業大學	張鵬、趙赫、朱莉、張譯文、胡夢雪

表A(續)

項目名稱	團隊組長所在學校	成員姓名
速停吧	通化師範學院	孫國鑫、曲朦朦、柴旺、朱寧、張經韜
抗戰老人口述史資料收集整理	南通大學	蕭宸軒、楊陽、韓文杰、吳馥聯、張舒怡
寵寶	重慶工商大學融智學院	曾玉梅、彭瀟億、袁浩、湯士超、謝亞威、周宇稼、王燕燕
螢火蟲	重慶工商大學融智學院	蒲毅、唐忠雲、楊令、孫威、鄧英杰、胡海峰、李昀燃、楊琪、陳金鳳、任書、楊佩、何迎新、胡月、唐玲、劉琴、於敏
捷熊營運服務平臺	重慶工商大學融智學院	溫文龍、鐘楊未希、譚海江、嚴森、簡穎琪
精選限量美食	重慶工商大學融智學院	張雪瑩、智慧雯、蔣彥、馬麗、盧德香
融智邦	重慶工商大學融智學院	邱思維、馮侶榮、鄧雯婷、李小龍、申琦、楊鎮楷
法寶	重慶工商大學融智學院	何鑫璐、王騰、但彥甫、鄭甫文、張月、魏欣、郭昶宏、王倩、胡庭嘉、沈博、徐言、段藝梅、小野里麗美、陳杰、王曉清
五粒米	重慶工商大學融智學院	邢立鵬、胡海峰、潘嘉男（哈爾濱工業大學）、唐忠雲、凌萌萌、曾苗、田德霖、廖靜、李凌嫻
綠葉生鮮包裝	重慶工商大學融智學院	王凱志、鄧玲鳳、段昊陽、蔡莉莉
未來GO	重慶工商大學融智學院	譚靖杰、劉明熙、魯婷婷、李婷源

國家圖書館出版品預行編目（CIP）資料

中國「互聯網+」的大學生電子商務創新創意與創業策劃 / 陳鏡羽 著.
-- 第一版. -- 臺北市：財經錢線文化, 2020.05
　　面；　公分
POD版

ISBN 978-957-680-413-7(平裝)

1.電子商務 2.企業管理 3.中國

490.29　　　　　　　　　　　　　　　　　　109005590

書　　名：中國「互聯網＋」的大學生電子商務創新創意與創業策劃

作　　者：陳鏡羽 著

發 行 人：黃振庭

出 版 者：財經錢線文化事業有限公司

發 行 者：財經錢線文化事業有限公司

E-mail：sonbookservice@gmail.com

粉 絲 頁：　　　　　　網　　址：

地　　址：台北市中正區重慶南路一段六十一號八樓815室
8F.-815, No.61, Sec. 1, Chongqing S. Rd., Zhongzheng
Dist., Taipei City 100, Taiwan (R.O.C.)

電　　話：(02)2370-3310　傳　真：(02) 2388-1990

總 經 銷：紅螞蟻圖書有限公司

地　　址：台北市內湖區舊宗路二段121巷19號

電　　話：02-2795-3656　傳真：02-2795-4100　網址：

印　　刷：京峯彩色印刷有限公司（京峰數位）

　　本書版權為西南財經大學出版社所有授權崧博出版事業股份有限公司獨家發行電子書及繁體書繁體字版。若有其他相關權利及授權需求請與本公司聯繫。

定　　價：380元

發行日期：2020年05月第一版

◎ 本書以POD印製發行